Jörg Vierke

Kleine Aquarien

KOSMOS

Inhalt

Einleitung › 7
Kleine Aquarien › 7
Das 10-Liter Aquarium › 8
Das 20-Liter Aquarium › 9
Das 30- bis 40-Liter-Aquarium › 9

Die technische Ausrüstung › 11
Becken › 14
Aquarienabdeckung › 14
Beleuchtung und Zeitschaltuhr › 14
Filter › 15
Heizung › 16
Thermometer › 17
CO$_2$-Anlage › 17
Einrichtungsmaterial › 17
  Bodengrund und Dünger › 17
  Steine › 18

  Höhlen › 18
  Wurzeln › 19
  Totes Laub › 20
  Plastikdekoration › 21
Rückwand › 21

Das Aquarienwasser › 23
Säuregrad › 24
Wasserhärte › 25
Wasseraufbereitung › 25
Nützliche Bakterien › 26
Hamburger Mattenfilter › 31

Einrichtung und Pflege › 35
Standort › 35
Einrichten Schritt für Schritt › 35
Das Aquarium im Betrieb › 40
    Beleuchtung › 40
    Filter › 40
    Filterreinigung › 40
    Bodengrund und Pflanzen › 40
Wasserwechsel › 42
Fütterung › 43
Algenplage › 46
Tiere kaufen und einsetzen › 47

Tiere und Pflanzen › 49
Aquarienpflanzen › 49
Aquarienschnecken › 58
Garnelen und Krebse › 62

Fische › 68
    Karpfenfische › 68
    Salmler › 69
    Labyrinthfische › 71
    Welse › 74
    Buntbarsche › 76
    Weitere Kleinbarsche › 78
    Lebendgebärende Zahnkarpfen › 80
    Eierlegende Zahnkarpfen, Killis › 82
    Weitere interessante Fische › 85

Service › 87
    Zum Weiterlesen › 87
    Nützliche Adressen › 87
    Register › 88
    Impressum › 92

Einleitung

Kleine Aquarien gibt es in ganz unterschiedlicher Form. Zwei Extreme sind interessant, auch wenn sie nicht unbedingt für das Wohnzimmer in Frage kommen.

Naturaquarien, wie sie der Fotograf Takashi Amano kreiert hat, entstammen der altjapanischen Gartenbaukunst. Man versucht, eine Miniaturlandschaft nachzuahmen, wie man sie von einem Berg oder von einem Ballon aus sehen würde – wohlgemerkt eine Überwasserlandschaft! Steine bilden Felsformationen, Moose stellen Wälder dar und formen sanft geschwungene Landschaften. Man hat für diese Form der Landschaftsdarstellung auch den Begriff „Aquascaping" geprägt. Ursprünglich wurden diese Landschaften für Fotozwecke gestaltet, nicht für längeren Gebrauch unter Wasser. So sieht man auf Ausstellungen wahre Kunstwerke, die jedoch nur kurzfristig beeindrucken sollen – und können! Der Name „Naturaquarium" ist in jeder Hinsicht irreführend. Tatsächlich handelt es sich hier um Kunstwerke, die ständiger Korrektur bedürfen.

Ecosphären sind das andere Extrem: abgeschlossene Hohlkugel-Systeme von 10 cm bis zu einem Meter Durchmesser. Sie sind jedem Zugriff von außen verschlossen. Der Inhalt: Meerwasser, Luft, Bakterien, Algen, eventuell noch eine kleine Koralle und Hawaii-Garnelen (*Halocaridina rubra*). Die Pflanzen produzieren Sauerstoff, Bakterien und Tiere veratmen ihn und stellen CO_2 und Mineralsalze her. Beides wird von den Pflanzen wiederum benötigt. Ein „ewiger" Kreislauf also. Als Miniatur-Ökosystem braucht es von außen lediglich Wärme und Licht. Derartige Ecosphären können jahrelang existieren. Beide Extreme können beeindrucken, zweifellos! Aber sie sind aus der Sicht eines Naturfreundes abzulehnen. Zwar zeigen die „Naturaquarien" eindrucksvoll die Schönheit der Natur und eine Ecosphere, wie ein Ökosystem funktioniert, dennoch sind beide tierfeindlich – auch wenn in ihnen Garnelen gepflegt werden. Mit anderen Worten, man kann und sollte Lebewesen anders und besser pflegen! Hier werde ich auf die beiden Extreme nicht weiter eingehen.

In diesem Buch wird ein praktikabler Weg gezeigt. Aquarien wie ich sie verstehe, orientieren sich in erster Linie an den Bedürfnissen ihrer Bewohner.

Kleine Aquarien

Kleinstaquarien, Nano-Aquarien, Minibecken – sie können bezaubernd sein. Wunderschön eingerichtete, liebevoll

Einleitung

bepflanzte Nanobecken sind derzeit die beste Reklame für die gesamte Aquaristik. Unter diesen Begriffen versteht man Aquarien mit etwa 10 bis 40 Litern Inhalt. Die Vorteile dieser kleinen Becken sind offensichtlich: Hier kann man auf engstem Raum Natur präsentieren, sich an Pflanzen, Tieren, ja an ganzen Lebensgemeinschaften erfreuen. Die kleinsten unter ihnen wiegen nur gerade 10 kg. Man kann sie ohne Probleme von einem Ort zum anderen tragen, vom Wohnzimmertisch zur Küche, ins Badezimmer oder ins Schlafzimmer, wie eine schöne Blumenvase, ein lebendes Schmuckkästchen. Kleinaquarien sind aber auch gut geeignet für attraktive Tiere, die ganz spezielle Anforderungen haben, sei es an das Wasser oder an das Futter. Hier kann man viele von ihnen auch hervorragend züchten und bei der Gelegenheit Einblick in das geheimnisvolle Leben unter Wasser erhalten. Kleinaquarien haben jedoch auch Nachteile. Früher waren sie unter Aquarianern als „Pfützen" verpönt, eben weil viele Lebewesen in sehr kleinen Becken nicht artgerecht gehalten werden können. Darüber hinaus sind kleine Wassermengen labiler als große: Sie können schneller abkühlen oder erhitzen, vor allem aber können die chemischen Wasserwerte schneller in gefährliche Bereiche abgleiten. Ohne gewisse Grundkenntnisse kann das Abenteuer Miniaquarium schnell ein Reinfall werden!

Nicht jedes kleine Aquarium kann alle Wünsche erfüllen. Es ist daher sehr wichtig, sich vor dem Kauf eines Kleinaquariums klar zu machen, was möglich ist und was nicht! Die Möglichkeiten sind in erster Linie von der Größe der Becken abhängig. Ich teile die Becken hier daher grob in 10-, 20- und 30-Liter-Aquarien ein.

Das 10-Liter Aquarium

Becken dieser Größenordnung erinnern an die Goldfischgläser früherer Zeiten – sind aber ganz sicher nicht für die Fischhaltung geeignet. Auch für Garnelen sind sie nicht die Traumbehausung. Man kann die kleinen Becken jedoch wundervoll bepflanzen und sie zu wirklichen Schmuckstücken machen. Zweifellos ein Vorteil: Man kann sie auch eingerichtet leicht transportieren. Im „klassischen" Zuschnitt (ca. 30 x 17 x 17 cm) spricht man gern auch von einem 30er-Becken, also einem Becken mit 30 cm Länge.

Ein 10-Liter-Aquarium – schön bepflanzt ist es ein wirkliches Schmuckstück.

Kleine Aquarien

Das 20-Liter Aquarium

Aquarien dieser Größe sind – mit gewissen Einschränkungen – bereits fisch- und garnelentauglich. Es gibt einige Tiere, die sich für derartige Becken ausgezeichnet eignen. Die allermeisten von ihnen vertragen sich mit einer schönen Pflanzenlandschaft. Ein Vorteil dieser Größe ist, dass die notwendige Technik weniger stört als in den ganz kleinen Becken.
Aquarien dieser Größe entsprechen im „klassischen" Zuschnitt einem 40er-Becken, einem Becken mit 40 cm Länge.

Das 30- bis 40-Liter-Aquarium

Dieser Typ hat die gleichen Vorteile wie das 20-Liter-Becken. Hier hat man natürlich deutlich mehr Möglichkeiten, attraktive Bewohner miteinander zu vergesellschaften und in vielen Fällen auch zu züchten.
Man kann auch diese Aquarien sehr dekorativ gestalten, aber ab dieser Größe kann auch schon die Tierhaltung in den Vordergrund rücken. Wer seine Kleinfische genauer kennenlernen und eventuell auch züchten möchte, sollte zu Becken dieser Größenordnung greifen.
30-Liter-Aquarien entsprechen den klassischen 50er-Becken, 40-Liter-Aquarien den 60er-Becken.

Moskito-Rasbora, Boraras brigittae

Mit Moos und anderen kleinwüchsigen Pflanzen kann man kleine Aquarien fantastisch gestalten.

Die technische Ausrüstung

Miniaquarien oder Nanobecken werden bei fast jedem Zoohändler zusammen mit allem notwendigen Zubehör im Set angeboten.

Wer mit Aquarien noch gar keine Erfahrung hat, ist mit solch einem Komplettangebot zweifellos gut beraten. Man hat, gut aufeinander abgestimmt, alles beisammen. Außerdem braucht man in der Regel deutlich weniger zu zahlen, als wenn man alles gesondert kaufen würde. Zusätzlich liegen diesen Sets oft auch Betriebsanleitungen bei – auch hier macht man nichts falsch, wenn man sich genau danach richtet. Dekorationsmaterial, Pflanzen und Tiere muss man sich noch aussuchen! Diese Aquariensets sind oft sehr unterschiedlich konzipiert und es lohnt sich, alles genau in Augenschein zu nehmen. Die meisten der Miniaquarien sind von allen vier Seiten zu betrachten, andere haben eine dunkle Rückwand, in der Filter, Heizung und eventuelle andere Geräte untergebracht werden und so nicht stören. Bei anderen Konzepten ist der Filter zusammen mit der Lichtanlage in der Aquarienabdeckung untergebracht und so den Blicken weitgehend entzogen.
Auch wer alles bereits im Set kaufen und sich genau nach den beiliegenden Anweisungen richten will, sollte sich vorher ein paar Gedanken machen. Und sicher kann auch etwas Hintergrundwissen nicht schaden – das zu vermitteln ist der Sinn dieses Büchleins. Aber natürlich ist es sicher noch wichtiger für den, der sich individuell alles zusammenstellen will. Werfen wir also einen genaueren Blick auf die Komponenten eines Nano-Aquariums.

↓ *Die Leuchte und ein Großteil des Filters befinden sich in der Abdeckhaube.*

Becken

An erster Stelle steht die Entscheidung über die Größe des Beckens. Wer Fische halten will, sollte ein Aquarium mit mindestens 20 Litern Fassungsvermögen nehmen. Für ein reines Pflanzenaquarium oder ein Wirbellosenbecken reichen auch bereits 10 Liter. Ja, ich sah sogar schon ein Winz-Aquarium, das nur aus dem Glas einer gewöhnlichen Glühbirne bestand, komplett mit Bodengrund und Pflanzen. Aber das war nur ein Gag, der auf einer Aquarienausstellung zu sehen war. Immerhin zeigte es, dass es bei reinen Pflanzenaquarien keine wirkliche Untergrenze gibt.

Das Material unseres Aquariums ist heutzutage ohne Bedeutung. Kunststoffbecken haben den Vorteil, dass sie leichter als Glasaquarien sind und dass man die Scheiben in jede beliebige Form bringen kann. Gelegentlich findet man Aquarien mit horizontal oder vertikal verbogener Frontscheibe. Wenn die Vorderscheibe nach hinten gewölbt ist, wie auf dem Foto unten, hat man die Möglichkeit, schräg von oben ins Becken zu sehen. Wegen der kleineren Wasseroberfläche möglicherweise ein Problem für die Fische, ganz sicher aber für die Einrichtung und die Pflege.

Der Zuschnitt des Aquariums ist von nicht zu unterschätzender Bedeutung. Die klassische Aquarienform ist quaderförmig: Auf einer rechteckigen Grundfläche haben die Seitenscheiben etwa einen quadratischen Zuschnitt. Diese Aquarien sind also lang gestreckt und nicht sonderlich hoch oder tief. Das Foto unten zeigt einen Teil eines derartigen Aquariums. Zweifellos ist das auch heute noch die ideale Form, denn in einem solchen Aquarium ist sowohl die Grundfläche als auch die Wasseroberfläche relativ groß. Für den Fischbesatz ist das ideal, denn Fische brauchen vor allem waagerechten Schwimmraum! Da ist mehr besser als wenig. Auch Bodenfischen und fast allen Krebstieren sollte man eine möglichst große Bodenfläche bieten, entsprechendes gilt für Oberflächenfische, die eine besonders große Wasseroberfläche haben

⬇ *Aquarium mit nach hinten gewölbter Frontscheibe*

⬇ *Kleinaquarium im klassischen Zuschnitt*

Das Aquarium

↑ Halbwürfelbecken (36 x 36 x 23 cm) mit Leuchte in der Abeckung

↑ Würfelförmiges 20-Liter-Becken mit aufsitzender Klemmleuchte

sollten. Die heute modischen Aquarien in Würfelform haben eine vergleichsweise sehr kleine Grund- bzw. Wasseroberfläche. Sie sind daher keine idealen Fischbecken.

Gerechterweise muss aber gesagt werden, dass sie normalerweise auch nicht für den Fischbesatz angeboten werden. Sie sind in erster Linie als Pflanzenaquarien und als Garnelenbecken konzipiert.

Entsprechendes gilt auch für die Becken mit quadratischer Frontscheibe und geringerer Tiefe, so wie es das Foto oben links zeigt. Es sind gewissermaßen halbierte Würfel. Ich will nicht behaupten, dass man nicht einige Fische gut in einem solchen Becken halten kann – meine *Boraras* fühlen sich in der Gesellschaft einiger Garnelen in einem derartigen 20-Liter-Aquarium durchaus wohl und das Ganze sieht auch dekorativ aus. Besser für die Fische wäre aber ganz sicher eine konventionelle Beckenform.

Wer auf einen Filter und damit auf eine Wasserumwälzung verzichten möchte, ist ebenfalls mit einem Standardaquarium besser bedient. Die Wasserschichtung in einem geheizten Würfel- oder Halbwürfelaquarium ist deutlich ausgeprägter als in einem langgestreckten Becken.

Aquarienabdeckung

Ein unabgedecktes Aquarium kann zwar gut die Funktion eines Luftbefeuchters für die Wohnung übernehmen, anzustreben wäre das aber nicht. Das verdunstende Wasser müsste ständig nachgefüllt werden und würde sich in Abhängigkeit vom Härtegrad des Nachfüllwassers über kurz oder lang unerwünscht aufhärten.

Krebse und Garnelen sind ausgezeichnete Kletterer, einige sind notorische Aquarien-Flüchter, auch einige Schnecken. Schon ihretwegen ist eine gut schließende Aquarienabdeckung unverzichtbar. Aber auch viele Fische sind ausgezeichnete Springer! Die einfachste Möglichkeit, ein Aquarium abzudecken, sind passend zugeschnittene Glasscheiben. Für die meisten Sets und für viele Standardgrößen gibt es außerdem Plastikabdeckungen mit integrierter Lichtanlage. Einige Abdeckungen beinhalten sogar einen Filter, wie bei dem Aquarium auf dem Foto Seite 13 links.

Beleuchtung und Zeitschaltuhr

Licht im Aquarium ist ein Muss! Ein dunkles Aquarium hat keinen Schauwert. Entscheidender ist jedoch, dass die Pflanzen ohne ausreichend Licht nicht wachsen können. Der individuelle Lichtbedarf ist je nach der Artzugehörigkeit der Pflanze unterschiedlich, aber ganz ohne Licht geht es nicht. Mit Hilfe der Fotosynthese bauen die grünen Pflanzen ihre Substanz auf: Sie stellen pflanzliches organisches Material her, ohne das sie nicht existieren oder wachsen könnten.

Auf das Tageslicht sollte man sich als Aquarianer nicht verlassen. In der dunklen Jahreszeit ist es zu wenig, in den Sommermonaten dagegen in aller Regel zu viel. Auch zu viel Licht kann unangenehme Folgen haben, denn durch zu hohe Lichtintensität und vor allem Beleuchtungsdauer werden die Algen unverhältnismäßig gefördert. Algen sind in aller Regel im Pflanzenaquarium nicht gern gesehen. Wir stellen das Aquarium daher an einen nicht zu hellen Platz und setzen ganz auf das Kunstlicht.

In den Plastik-Aquarienabdeckungen, die für alle Standardgrößen zu bekommen sind, ist meist schon eine Lichtanlage eingebaut. Für aquaristische Zwecke gibt es spezielle Leuchtröhren, die das Pflanzenwachstum fördern, aber die sind in der Regel nicht nötig. Wichtig ist aber, dass die Lichtfarbe gefällt. Meistens werden Röhren vom Typ Warmton als angenehmer empfunden als rein weiße Lampenfarben oder die violett strahlenden Pflanzenröhren. Wer eine Glasabdeckung vorzieht, sollte die speziell für diesen Zweck angebotenen Klemmleuchten zur Beleuchtung verwenden.

◂ Würfelförmiges 20-Liter-Aquarium mit Klemmleuchte, bepflanzt mit Ricca, Eleocharis, Rotala

Dekoration

Es ist zwar nicht notwendig, aber absolut sinnvoll, die Beleuchtung über eine Zeitschaltuhr laufen zu lassen, digital oder mechanisch ist hier lediglich eine Frage der Einstellung. Auf diese Weise wird sichergestellt, dass die Pflanzen weder zu wenig noch zu viel Licht bekommen.

Filter

Aquarienfilter haben den Sinn, das Wasser von Schwebteilchen zu befreien und somit zu klären. Ein ebenfalls nicht unwichtiger Aspekt der Filterung ist die ständige Wasserumwälzung, an die viele Fische und Pflanzen angepasst sind. So wird eine unerwünschte Temperaturschichtung im Aquarium von vorneherein verhindert. Ein mit einem Stab-Regelheizer bestücktes Kleinaquarium kann ohne Wasserströmung an der Wasseroberfläche leicht eine Temperatur von 29 °C haben und gleichzeitig im unteren Bereich mal gerade 18 °C! Kleine *Boraras* oder Garnelen können zur Wasserumwälzung nichts beitragen – ich will aber nicht verschweigen, dass die Tiere eine derartige Wasserschichtung auch auf längere Zeit ohne sichtbare Probleme tolerierten. Ich sehe sogar Vorteile in einer derartigen Temperaturschichtung. Die Tiere können sich die Bereiche, die ihnen am ehesten zusagen, sehr bequem aussuchen.

Im Idealfall übernimmt ein Aquarienfilter neben der Wasserumwälzung nicht nur das Herausfiltern kleiner Partikel, er hilft auch bei der biologischen Aufbereitung des Aquarienwassers entscheidend mit. Dann allerdings sollte der Filter nie länger als einige Minuten abgeschaltet werden. Näheres dazu im Kapitel „Das Aquarienwasser" (Seite 23).

Damit ein Filter seine biologischen Aufgaben erfüllen kann, sollte er so groß wie möglich sein. Andererseits ist ein Filter nicht gerade ein Schmuckstück, wenn er zu sehr auffällt. Hier müssen also Kompromisse geschlossen werden. Viele Filterhersteller glauben offenbar, dass man eine kleine Filterkammer durch eine entsprechend stärkere Durchströmung kompensieren kann. Dabei wird nicht bedacht, dass viele Fische unter zu starker Strömung leiden. Es muss darauf geachtet werden, keinen zu starken Motor zu benutzen! Gut ist es, wenn man zumindest die Möglichkeit hat, die Filterleistung zu drosseln.

Ideal ist es, wenn ein Filter wie bei dem Aquarium auf dem Foto S. 11 wenigstens teilweise in der Abdeckung untergebracht werden kann. Aber auch hier sind der Motor und der Ansaugstutzen noch im freien Wasser zu sehen. Im kleinen Aquarium ist das nur schwer durch die Einrichtung zu kaschieren.

Filter-Varianten

Nach dem Antrieb unterscheidet man Filter, die das Wasser in einem Rohr mit Luftblasen hochtreiben. Von unten wird das nachströmende Wasser dann durch eine Schwammfilterpatrone angesaugt. Zum Betrieb dieser „Blubberfilter" braucht man eine Belüfterpumpe. Für kleinere Aquarien reichen diese Luftheber völlig aus, und speziell für Garnelenbecken eignen sie sich ausgezeichnet. Leistungsfähiger sind die Filter, die direkt über einen Motorfilter betrieben werden. Sie bieten sich aber eher für die etwas größeren unter den Kleinaquarien an.

Innenfilter

Wie der Name schon sagt, werden Innenfilter direkt im Aquarium installiert. Ihre Filterkammern sind in der Regel klein und wenig auffällig und man kann sie leicht in einer Aquarienecke unterbringen. Die geringe Größe grenzt natürlich die Wirksamkeit eines derartigen Filters ein. Andere Innenfilter bestehen nur aus einem schwammartigen Überzug, der über das Ansaugrohr des Filters gezogen wird. Im Prinzip sind diese Schaumstoffpatronen-Filter ganz brauchbar, zumal sie im eingerichteten Aquarium nicht allzu sehr störend auffallen. Filter mit Schaumstoffpatronen haben auch den Vorteil, dass hier weder Lebendfutter-Tiere noch Jungfische oder Junggarnelen angesaugt werden können.

Außenfilter

Leistungsfähiger sind zweifellos größere Filter, die man außerhalb des Aquariums anbringen kann. Manche Außenfilter hängen wie kleine Rucksäcke an einer der Seitenscheibe. Einige von ihnen lassen das Wasser in breitem Schwall nach dem Wasserfall-Prinzip ins Becken zurückfließen (Foto unten). Sie sind im Prinzip empfehlenswert, wenn man die Möglichkeit hat, die Filter unauffällig unterzubringen. Es gibt im Handel Nano-Komplett-Sets, also Aquarien, die mit einer eigenen Filterkammer ausgestattet sind: Eine Kunststoffwand trennt einen Teil des Beckens ab und lässt ausreichend Platz für die Motorpumpe und die sinnvoll untergebrachten Filtermaterialien.

Hamburger Mattenfilter

Kurz soll hier noch der Mattenfilter angesprochen werden, der für nicht gar zu kleine Minibecken eine sinnvolle Alternative darstellt. Er ist eine Sonderform des Innenfilters. Wegen seiner vielen Vorteile soll dieser Filtertyp im Zusammenhang mit dem Kapitel „Aquarienwasser" noch gesondert vorgestellt werden (S. 31).

> **TIPP**
>
> ### Filter-Geräusche
> Kein Filter ist absolut geräuschlos. Die modernen Aquarienpumpen sind aber in aller Regel so leise, dass sie in keinem Wohnraum stören – mit Ausnahme des Schlafzimmers! Wer in dieser Hinsicht empfindlich ist und trotzdem ein Aquarium im Schlafraum aufstellen möchte, kann Fische, Garnelen und Pflanzen halten, die auch ohne Filter auskommen; ja, es gibt Fische, die Stillwasser lieben. Dazu später mehr (S. 71).

Heizung

Becken, die ausschließlich mit Pflanzen und subtropischen Garnelen besetzt sind, brauchen keine Heizung. Alle anderen Nanobecken, speziell die, die mit Fischen besetzt werden sollen, kommen aber bis auf wenige Ausnahmen nicht ohne Heizung aus.
Die üblichen Regelheizer sind wegen ihrer Dimensionen nicht ideal, auch wenn man sie waagerecht einbauen kann. Es werden

⬇ Außenfilter im Wasserfall-Prinzip (Filterabdeckung entfernt)

Die Heizung

im Fachhandel jedoch auch spezielle Heizstäbe für Nano-Becken angeboten, die deutlich kürzer sind als die Standardheizer. Sie messen nur etwa 15 cm.
Es gibt bei Regelheizern auch kleine digitale Ausführungen. Allerdings sind die deutlich teurer als die Heizstäbe.

Thermometer

Auch wenn ein Regelheizer die Temperatur im Idealfall konstant hält, kann man auf die Anschaffung eines Thermometers nicht verzichten. Die Glasthermometer werden mit einem Saugnapf an einer Seitenscheibe oder am Rand der Frontscheibe angebracht. Man sollte beim Kauf darauf achten, dass das Thermometer eine Skala besitzt, die im interessierenden Bereich gut ablesbar ist – das ist leider nicht selbstverständlich.
Neben den üblichen Glasthermometern werden auch digitale Geräte angeboten, die lediglich über einen Fernfühler die Aquarientemperatur messen. Es gibt verschiedene Modelle, die zwischen 10,- und 20,- € kosten.

CO_2-Anlage

Kohlenstoff (C) ist der wichtigste Bestandteil von Pflanzen und Tieren. Während die Tiere ihn in Form von Eiweiß zu sich nehmen, nehmen Pflanzen den Kohlenstoff als im Wasser gelöstes CO_2 auf. Man kann Pflanzen mit CO_2 düngen. Diese Fotosynthese ist die Voraussetzung für das Gedeihen und Wachsen der grünen Pflanzen. Gleichzeitig wird hierbei Sauerstoff erzeugt, der natürlich den tierischen Mitbewohnern zu Gute kommt.
Es gibt auch für Kleinaquarien Komplett-Sets zur CO_2-Düngung. Auf Dauer sorgen diese Anlagen zweifellos für ein deutlich besseres Pflanzenwachstum. Die meisten Aquarianer ersparen sich diese Ausgabe.

Einrichtungsmaterial

Für viele Aquarianer steht der Dekorationsaspekt bei den Kleinaquarien ganz im Vordergrund. Ich zeige hier, welchen Sinn die verschiedenen Einrichtungsmaterialien haben und was man dabei berücksichtigen sollte.

Bodengrund und Dünger

Der Bodengrund gibt den Pflanzen Halt und ernährt sie. Gleichzeitig kann man mit dem Bodengrund bereits Landschaften gestalten.
Der Bodengrund ist zu wichtig, um hier zu sparen. Man hat grundsätzlich zwei Möglichkeiten: Gerade für kleine Dekor-Becken ist es schön, wenn man sich dunklen Feinkies im Fachhandel besorgt. Man hat die Wahl zwischen schwarzen und braunen Farbtönen. Achten Sie auf nicht zu scharfkantigen Bodengrund! Auch im Fachhandel werden Kiessorten angeboten, die speziell für wühlende Fische (kleine Panzerwelse) nicht geeignet sind.
Da der Bodengrund aber auch wichtig für die Ernährung vieler Wasserpflanzen ist, bedarf er einer zusätzlichen Mineralstoff-Anreicherung. Auch für die Art der Düngergaben gibt es verschiedene Möglichkeiten. Am gebräuchlichsten ist, den Boden zweischichtig anzulegen: Als erstes wird eine etwa 2 cm dicke Schicht eingebracht, die ein Düngerdepot enthält. Abgedeckt wird diese dann von einer etwa 3 cm dicken Schicht des Feinkieses.
Bunten Zierkies könnte man als eine Frage des Geschmacks ansehen. Da neuerdings aber von Problemen im Zusammenhang mit der Kunststoffummantelung berichtet wird, die speziell Wirbellosen schadet, würde ich davon absehen. Wirbellose, speziell Krebstiere, sind auch im Hinblick auf Pflanzendünger empfindlich, vor allem wenn dieser Kupferanteile enthält. Aus

diesem Grund verzichten viele Garnelenfreunde vorsichtshalber vollständig auf Dünger im Aquarium.
Wer sein Aquarium natürlicher gestalten möchte, kann Bodengrund aus einem Bachlauf nehmen – am besten mit gemischter Körnergröße. Vorher gut waschen!

Granit oder Gneis sind dagegen unbedenklich.
Kalkgestein härtet unser Wasser unnötig auf. Es ist leicht mit dem Säuretest zu erkennen. Einige Tropfen Essigessenz auf den trockenen Stein geben. Wenn die Flüssigkeit Blasen bildet, sollten wir den Stein

❶ Steine und Wurzeln gehören in ein ansprechend gestaltetes Aquarium.

Steine

Dekorative Steine sind sehr wichtig für die Gestaltung eines schönen Aquariums. Dabei ist es allerdings klug, Maß zu halten. Zu viele Steine oder verschiedene Typen und Formen wirkt oft sehr unnatürlich. Besser ist es, zwei oder drei unterschiedlich große Steine desselben Typs in einer kleinen Gruppe anzuordnen.
Einige Steine geben im Lauf der Zeit unerwünschte Stoffe wie Kalk oder gar gefährliche Schwermetalle ab. Kalkgestein oder Steine mit auffallenden Einschlüssen, die wir nicht deuten können, sollte man also meiden. Schiefergestein, Sandstein,

nicht benutzen! Wer allerdings Bewohner pflegen möchte, die mit mittleren oder höheren Härtegraden gut zurecht kommen, braucht auf das oft sehr bizarr geformte Kalkgestein nicht zu verzichten.

Höhlen

Aus Steinen kann man auch Höhlen bauen – eine oft nicht einfache und manchmal wegen der Einsturzgefahr für die Fische auch nicht gefahrlose Angelegenheit. Da aber viele Krebse und Kleinfische auf Höhlen angewiesen sind, sollte man sich zur Haltung dieser Tiere entsprechende Kunsthöhlen kaufen oder selbst herstel-

Einrichtungsmaterial

len. Nicht alle im Handel angebotenen Höhlen sind Schmuckstücke, aber es ist ja auch alles Geschmacksache.
Wer eine Höhle exakt nach den eigenen Vorstellungen verwirklichen will, muss sie sich selbst bauen. Die Herstellung einer Kunsthöhle aus Ton ist sehr einfach.

❶ *Dieser Apistogramma rubrolineata benutzt eine Naturhöhle unter Wurzelholz.*

Allerdings braucht man jemanden, der einen entsprechenden Brennofen hat und die Höhle brennt. Durch den Brennvorgang werden die Höhlen etwas kleiner. Man sollte das beim Ausformen berücksichtigen. Töpferton bekommt man in den einschlägigen Bastel- und Hobbyläden in verschiedenen Farben, die man in Kombination auch marmoriert verwenden kann.
Das Foto oben rechts zeigt einige selbst gebrannte Höhlen, wobei ich darauf geachtet habe, dass die Erzeugnisse einigermaßen natürlich aussehen. Die langgestreckten Höhlen sind für Harnischwelse oder Krebse gedacht, die Höhlen mit dem engen Einschlupfloch sind dagegen eher für verschiedene Barsche geeignet.

Wurzeln

Eine bizarre Wurzel ist oft der dekorative Höhepunkt eines Miniaquariums. Nur, woher nehmen? Wenn wir sie in der Natur sammeln, werden wir leicht enttäuscht sein. Die Wurzeln sollten schon lange abgestorben und gewässert sein und aus nicht zu weichem Holz bestehen.
Einfacher ist es schon, sich eine dekorative Wurzel beim Händler auszusuchen. Am

❶ *Solche Höhlen aus Ton kann man leicht selbst anfertigen und brennen lassen.*

besten hält man sie probeweise schon mal in das Aquarium, das man zum Kauf vorgesehen hat – oft genug passiert es nämlich, dass man sich bei der Wahl der Wurzel gehörig verschätzt. Meistens kauft man sie ein bis zwei Nummern zu groß! Bevor man die Wurzel verwenden kann, muss man sie kräftig auskochen. Es geht dabei weniger um eventuelle Keime, die man abtöten muss, sondern um die in einer trockenen Wurzel vorhandene Luft. Durch das Auskochen wird die Luft ausgetrieben und die Wurzel ist dann von Anbeginn schwer genug und wird nicht aufschwimmen.
Neben Naturwurzeln werden auch Wurzelimitate aus Plastik angeboten. Ihre Verwendung ist sicher eine Frage des Geschmacks. Für Welse und Garnelen sind echte Wurzeln aber zweifellos weit besser, einige brauchen sogar Wurzelholz für ihren Verdauungstrakt.

Totes Laub

Das trockene Herbstlaub der Rotbuche ist ein in jüngster Zeit immer häufiger genutztes Dekorationselement auch für Miniaquarien. Die langsam zerfallenden rotbraunen Blätter sind geeignetes Versteck für Garnelen und viele Kleinfische. Zugleich sind die sich langsam zersetzenden Blätter willkommene, ja eine fast unentbehrliche Nahrung für die Garnelen. Die Sorge, dass durch die Blätter das Wasser verunreinigt werden könnte, ist unbegründet. Tatsächlich haben einige Laubblätter (speziell die Blätter von Rotbuche, Eiche, Ahorn, Erle, Weide und Haselnuss) eine sehr positive Wirkung. Auch den vorjährigen Zapfen der Schwarzerle wird eine positive Wirkung bescheinigt, speziell die Garnelenfreunde schwören darauf.

Auch die Blätter des tropischen Seemandelbaums (*Terminalia catappa*) sind sehr zu empfehlen. Man erhält sie bei vielen Zoohändlern. Diese Blätter sind nicht nur dekorativ, sie sollen auch keimhemmende Substanzen absondern.

Natürlich hat man auch hier wieder maßzuhalten, die Blätter dürfen den Boden grund weitgehend bedecken, aber nicht die Pflanzen! Und hin und wieder muss man auch nachlegen. Es ist ja der Sinn, dass sich die Blätter langsam zersetzen und teilweise von den Garnelen gefressen werden.

Viele Aquarianer diskutieren darüber, ob man die im Freien gesammelten Blätter vor der Verwendung abkochen sollte oder ob man sie so benutzen kann, wie man sie findet. Ich brühe sie vor der Verwertung kurz ab, in der Hoffnung, auf diese Weise unliebsame Pilze fernzuhalten. Andererseits werden so aber auch wertvolle Inhaltsstoffe zerstört! Auf keinen Fall sollte man bereits altes Blattwerk aus Gewässern holen. Hier könnte man sich gewiss unerwünschte Organismen einschleppen.

TIPP

Ich warne davor, mit unbekannten Blättern herumzuexperimentieren! Erwiesenermaßen schädlich sind Blätter von Goldregen, Mistel, Flieder, Holunder oder von Nachtschattengewächsen. Wer botanisch nicht bewandert ist, sollte sich auf Rotbuchen- und Eichenlaub beschränken.

Trockenes Herbstlaub der Rotbuche

Plastikdekoration

In jedem Zoogeschäft werden Unterwasserschlösser aus Plastik angeboten, Wracks oder Schatztruhen. Ich habe auch schon Aquarien bestückt mit Lego-Männchen gesehen! In Amerika und Asien werden diese Dekorationselemente schon lange genutzt, in Europa hatte man sich lange darüber lustig gemacht und sie als kitschig abgelehnt. Dasselbe gilt auch für grellfarbigen Zierkies und für Plastikpflanzen. Tatsächlich sind diese Utensilien aber auch bei uns unaufhaltsam auf dem Vormarsch und ich denke, man sollte diese Sichtweise tolerieren – die tierischen Bewohner derartig eingerichteter Aquarien tun das jedenfalls. Ein Problem tritt aber immer mal wieder im Zusammenhang mit Kunststoffen auf, auch von buntem Zierkies wird es berichtet: Offenbar gibt der Kunststoff in vielen Fällen Substanzen an das Wasser ab, die den Tierbesatz, speziell Krebse, nachhaltig schädigen können. Noch ein Wort zu Plastikpflanzen: Lebende Pflanzen sind mehr als reine Dekoration! Für viele naturliebende Aquarianer sind sie nicht weniger wichtig als die Tiere. Ich würde Plastikpflanzen auch nur akzeptieren, wenn ich ein Becken mit pflanzenfressenden Krebsen auszustatten hätte – bestenfalls!

Rückwand

Natürlich ist auch die Gestaltung der Aquarien-Rückwand eine Frage des persönlichen Geschmacks. In vielen Fällen wirkt aufgeklebtes, dunkelblaues Papier oder schwarzer Samtstoff hinter einem kunstvoll bepflanzten Kleinaquarium besser als eine bedruckte Wasserpflanzenlandschaft. Es gibt auch Kunststofffelsen, die man sich leicht zuschneiden und dann innen auf die Rückscheibe aufkleben kann.

Wer bei einem Tisch-Aquarium von allen Seiten Einblick haben möchte, verzichtet natürlich auf jede Art der Rückwandgestaltung.

Pflanzen und Tiere

Unverzichtbares Element, vielfach die Hauptsache in einem Minibecken, sind selbstverständlich die Lebewesen, an erster Stelle die Pflanzen. Neben dem Dekorationsaspekt haben die Pflanzen aber noch eine Reihe weiterer wichtiger Funktionen. Davon später.

🔹 *Ein kleines Aquarium (50 x 30 x 25 cm) mit Fotorückenwand (Wurzel und Pflanzen im Hintergrund)*

Das Aquarienwasser

An dieser Stelle ein kurzer Abstecher in die Wasserchemie. Ein paar Grundlagen sollte jeder Aquarienfreund kennen.

Wirklich reines Wasser, wie man es in der Apotheke als destilliertes Wasser kaufen könnte, wäre Gift für unsere Aquarienbewohner. Jedes Wasser, natürlich auch das uns hier vorrangig interessierende Süßwasser, hat einige Beimengungen. Das sind neben den normalerweise immer vorkommenden gelösten Gasen, wie beispielsweise Sauerstoff, in erster Linie gelöste Salze und Säurebestandteile. Für den Aquarienfreund die wichtigsten Wasserwerte sind neben Temperatur und Strömung der Säuregrad und die Wasserhärte.

🔽 *Naturnah eingerichtetes Aquarium für Prachtgrundkärpflinge*

Säuregrad

Wasser wird bekanntlich vom Chemiker als H_2O bezeichnet. Das bedeutet, dass Wasser aus Molekülen besteht, die aus Wasserstoff (H) und Sauerstoff (O) zusammengesetzt sind. Jedes nicht destillierte Wasser ist zu einem geringen Teil dissoziiert, d.h., dass einige Wassermoleküle in positiv geladene H^+-Ionen und negativ geladene OH^--Ionen zerfallen sind.
In neutralem Wasser liegen H^+-Ionen und OH^--Ionen in genau gleicher Menge vor. Ein Liter neutrales Wasser enthält 1/10 Millionstel g Wasserstoffionen, übersichtlicher dargestellt als 10^{-7} g. Um diese Darstellung noch weiter zu vereinfachen, nimmt man lediglich den negativen Logarithmus und sagt: Das Wasser hat den pH-Wert 7. Für uns ist es wichtig zu wissen, dass Wasser mit dem pH-Wert 7 neutral ist, dass Werte unter pH 7 zunehmend sauer und Werte über pH 7 zunehmend basisch (alkalisch) werden.

Die meisten Tropenfische finden in ihren Heimatgewässern pH-Werte zwischen 6 und 7. Unser Leitungswasser ist dagegen zumeist neutral bis leicht alkalisch. Es ist durchaus möglich, das Wasser den Bedürfnissen der Fische entsprechend anzusäuern. Hierfür eignet sich vor allem die Filterung über Torf oder die langsame, stufenweise Zugabe von käuflichen Humusextrakten.
Im Allgemeinen passen sich die Fische den Wasserverhältnissen im Aquarium jedoch recht gut an. Da sie andererseits aber oft auf schnelle Veränderungen des pH-Wertes empfindlich reagieren, sollte man vor voreiliger Manipulation des Aquarienwassers warnen.
Die vorjährigen Schwarzerlen-Zapfen geben im Aquarium Huminsäuren ab, die den pH-Wert senken. Dasselbe gilt für Filtertorf. Achtung: Man darf auf keinen Fall Torf aus Gartengeschäften nehmen, da dieser oft mit Dünger angereichert ist!

Vorjährige Schwarzerlen-Zapfen senken den pH-Wert

Wasserhärte

Die Wasserhärte setzt sich aus verschiedenen Komponenten zusammen:
Die **Karbonathärte** gibt die Menge aller Kalzium- und Magnesiumkarbonate einschließlich der Hydrogenkarbonate an. Diese Härte ist leicht durch längeres Kochen zu beseitigen, da dann unlösliches Kalzium- und Magnesiumkarbonat ausgefällt wird (Kesselstein). Man spricht hier daher auch von **temporärer Härte**.
Viele der härtebildenden Kalzium- und Magnesiumionen sind nicht an Karbonate, sondern an andere Anionen gebunden. Häufigste Anionen sind dabei Sulfate, in geringerer Menge auch Chloride, Nitrate, Phosphate und andere. Da die von diesen Salzen verursachte Wasserhärte nicht durch Kochen beseitigt werden kann, bezeichnet man sie als bleibende oder **permanente Härte**. Häufiger werden auch die Begriffe **Nichtkarbonathärte,** Sulfat- oder Gipshärte gebraucht.
Die Gesamtheit der im Wasser gelösten Kalzium- und Magnesiumsalze wird als **Gesamthärte** angegeben. Sie ist dadurch definiert, dass 1 Grad deutscher Härte (= °dGH) einem Gehalt von 10 mg Kalziumoxid in 1 Liter Wasser entspricht.
Zur Bezeichnung des Härtegrades sind die Begriffe in der Tabelle üblich.

Wasserhärte

sehr weiches Wasser	0 – 4° dGH
weiches Wasser	5 – 8° dGH
mittelhartes Wasser	9 – 12° dGH
ziemlich hartes Wasser	13 – 18° dGH
hartes Wasser	19 – 30° dGH
sehr hartes Wasser	über 30° dGH

Wasseraufbereitung

Die meisten tropischen Fische bevorzugen relativ weiches Wasser. (Pauschal könnte man als Ausnahmen einige afrikanische Cichliden, Ährenfische und einige Lebendgebärende Zahnkarpfen nennen.) Weiches Wasser fließt in Mitteleuropa nur in wenigen Städten aus der Leitung. Der Aquarianer sollte wissen, welchen Härtegrad das Wasser, das aus seiner Leitung kommt, hat – ein Anruf beim Wasserwerk genügt. Werte bis 12°dGH sind für durchschnittsaquaristische Zwecke bestens geeignet. Was aber ist zu tun, wenn das Leitungswasser zu hart ist oder wenn wir für besondere Weichwasserfische extrem weiches Wasser brauchen?
Zu den traditionellen Methoden gehört es, aufgefangenes Regenwasser zu benutzen. Wasser aus der Regentonne ist relativ einfach zu beschaffen und zweifelsfrei günstig. Einige Aquarianer sind besonders ängstlich, und fangen das Wasser erst nach längerem Starkregen auf. Sie beachten auch, dass das Wasser nicht vorher über verschmutzte Teerdächer läuft. Wie auch immer – dass man vor der Benutzung die Wasserqualität aus der Regentonne mit den üblichen Reagenzien im Hinblick auf die Wasserhärte und den Säuregrad testet, sollte selbstverständlich sein.
Andere Aquarianer haben ihre Quellen und Weichwasserteiche, die sie irgendwann ausfindig gemacht haben und die sie hin und wieder mit Wasserkanistern besuchen. Bei den kleinen Mengen, die man für ein Minibecken braucht, ist das kein Problem. Es ist eine gute Idee, das Regen- wie auch das Quellwasser vor Benutzung noch über Aktivkohle zu filtern. Auf diese Weise werden eventuelle Schadstoffe herausgefiltert.
Im Zoofachhandel sind kleinere Anlagen zur Entsalzung durch **Umkehrosmose** zu bekommen. Das Wasser wird zur Entsalzung unter dem Leitungsdruck der Wasserversorgung durch eine Membran

gepresst. Dabei fallen auf einen Teil vollentsalztes Wasser etwa 3 bis 4 Teile Restwasser an.

Ionenaustauscher sind in der Handhabung komplizierter. Hierfür wird das Leitungswasser über bestimmte Austauscherharze gefiltert. Der Nachteil: Die Harze müssen regelmäßig regeneriert werden. Entweder man lässt das von einer Firma machen oder man hat das Problem, mit so aggressiven Substanzen wie Salzsäure und Natronlauge zu arbeiten – im Normalfall nicht empfehlenswert!

Das chemisch aufbereitete Wasser ist aber nicht direkt aquariengeeignet. Es muss zuvor mit einer entsprechenden Menge Leitungswasser vermischt werden. Beispiel: Das Leitungswasser hat eine Härte von 24°, unser Regenerat hat 0° und wir streben 8° an, dann mischen wir auf einen Teil Leitungswasser zwei Teile des vollentsalzten Wassers.

Vorsicht, weiches Wasser ist instabil und gerät leicht außer Kontrolle! Hier heißt es regelmäßig sowohl den Säuregrad als auch die Karbonathärte zu überprüfen. Speziell die Karbonathärte ist wichtig. Sie sollte nicht unter 3° liegen, weil sonst leicht ein plötzlicher pH-Sturz, also ein starker Abfall der Säurewerte, stattfinden kann.

Nützliche Bakterien

Sie müssen dieses Kapitel nicht gleich am Anfang lesen, auch wenn es hier um die wichtigsten Aquarienbewohner geht. Wer aber wissen möchte, warum man nicht gleich die Fische ins neu eingerichtete Aquarium einsetzen sollte, wieso ich nicht dazu auffordere, ständig Wasserwechsel zu machen oder den Mulmsauger zu nutzen – der sollte hier hineinschauen! Auf jeden Fall ist es für viele angesagt, von alten Anschauungen Abschied zu nehmen und neue Einsichten zu gewinnen.

Bakterien als Entgifter

Die kleinsten Lebewesen auf Erden und natürlich auch im Aquarium sind die Bakterien. (Viren sind zwar noch kleiner, aber sie sind keine selbstständigen Lebewesen.) Sie sind nicht nur zahlenmäßig in der Überzahl, auch ihre Bedeutung für das Funktionieren der Biosysteme ist überragend. Auch ein Aquarium funktioniert nur durch die tatkräftige Mithilfe der Bakterien – wenn es nicht funktioniert, fehlen bestimmte Bakterien.

Man schätzt die Zahl der Bakterien-Arten auf über eine Million, wohlgemerkt, es geht hier um Arten! Die wenigsten davon sind wissenschaftlich beschrieben, aber viele von ihnen haben ganz wichtige Aufgaben. Nur die wenigsten sind Krankheitserreger, also gefährlich.

Für uns Aquarianer ist es wichtig, den Stickstoffkreislauf zu verstehen. Stickstoff kommt in den verschiedensten Zusammensetzungen mit anderen Elementen vor. Besonders als Baustein lebender Substanzen, als Aminosäure, ist er in tierischen und pflanzlichen Eiweißen enthalten.

In jeder tierischen Nahrung, also auch im Fischfutter, sind Eiweiße (= Proteine) als wichtige Nahrungsbestandteile enthalten.

⬇ *Redfire-Zwerggarnele*

Nützliche Bakterien

Die Fische nehmen mit der Nahrung Eiweiß auf und scheiden nicht benutzte Eiweißbestandteile als Ammonium aus. Bestimmte Bakterien verwerten dieses Ammonium, vereinfacht gesagt, sie ernähren sich von ihm. Es sind Bakterien der Gattung *Nitrosomonas*. Sie erzeugen auf diesem Wege Nitrit. Das Nitrit wiederum wird von anderen Bakterien (Gattungen *Nitrobacter*, *Nitrococcus*, *Nitrospina* und *Nitrospira*) aufgenommen und in Nitrat umgewandelt. Das Nitrat wiederum ist ein vortrefflicher Dünger für die Wasserpflanzen. Sie können wachsen, und wenn man regelmäßig die Überschüsse an Wasserpflanzensubstanz entsorgt, entnimmt man dem Kreislauf auch wieder den Stickstoff. Das sieht aus wie eine perfekt aufeinander abgestimmte Wirkungskette, und so ist es letztlich auch. Sie hat sich in der Natur seit Jahrmillionen so optimiert. Im Aquarium kann es aber gelegentlich doch zu Problemen kommen.

Eine dieser Bakterien-Ausscheidungen, das Nitrit, ist fischgiftig! Nun wird es in aller Regel sofort von den in ausreichendem Maße vorhandenen Nitrit-Zersetzern aufgenommen und in unschädliches Nitrat überführt.

↓ *Zwergziersalmer*

Zu wirklichen Problemen kommt es jedoch, wenn ein Aquarium komplett neu eingerichtet wird. Natürlich lässt es sich nicht vermeiden, dass auch in einem neu eingerichteten Aquarium einige Bakterien vorhanden sind. Speziell mit den Pflanzen werden sie ins Aquarium gebracht. Pflanzenblätter und Wurzeln sterben teilweise ab – unsere Bakterien haben etwas zu fressen. Die *Nitrosomas*-Bakterien beginnen sich jetzt zu vermehren – und wie: In 20 Minuten teilen sie sich, alle 20 Minuten verdoppelt sich die Anzahl der Nitriterzeuger!

Das wäre kein Problem, wenn die vom Nitrit lebenden Bakterien ebenfalls in ausreichender Zahl da wären. Sie entwickeln sich aber weit langsamer, sie haben Teilungsraten von etwa 24 Stunden! Das bedeutet, dass der Nitritgehalt im Aquarium zunächst unweigerlich ansteigt. Der Anstieg beginnt zumeist nach 1 bis 2 Wochen. Man kann mit den einschlägigen Reagenzien diesen „Nitritpeak" messen. Erst wenn die „Nitritfresser" in ausreichender Zahl vorhanden sind, wird das Nitrit zum Nitrat abgebaut. Der Nitritpeak dauert im Schnitt etwa eine Woche. Alles in allem dauert es etwa einen Monat, bis ein Aquarium eingelaufen ist. Wer das Aquarium gleich mit Fischen oder Garnelen besetzt, setzt sie dieser Giftwelle aus Nitrit aus – die Gefahr, die Tiere dann zu verlieren ist groß.

Gegenmaßnahmen bei einem Nitritpeak

Wenn einige Fische nach einer Neueinrichtung schnell und heftig atmen, unkoordinierte Bewegungen zeigen und die ersten Tiere ohne offensichtlichen Grund sterben, sollte man immer an einen Nitritpeak denken. Natürlich wird man umgehend den Nitritwert überprüfen. Ergibt die Messung

0,5 mg/l oder mehr, muss sofort 50 % des Wassers gewechselt und durch Frischwasser ersetzt werden. Bei deutlich höheren Nitritwerten ist es auch nötig, etwa dreiviertel des Wassers zu ersetzen. Natürlich wird man in den nächsten Tagen regelmäßig die Nitritwerte mindestens zwei Mal täglich kontrollieren. Bei Bedarf hilft nur, mit Wasserwechsel gegenzusteuern.

Der Wasserwechsel entnimmt dem System das Nitrit, nicht jedoch die Bakterien, die wir ja so nötig brauchen! Die halten sich nämlich normalerweise nicht im freien Wasser auf. Sie haften an Substraten, an der Oberfläche der Pflanzenkörper, an Steinen und dem Bodengrund sowie an den Aquarienwänden. Das Aquarienputzen werden wir in dieser Situation also verschieben, auch das Mulmabsaugen!

Den Nitritpeak vermeiden

Das System „Aquarium" ist außerordentlich komplex. Wann bei einer Neueinrichtung ein Nitritpeak eintritt, wie groß er ist und ob das überhaupt passiert, ist nicht sicher vorhersagbar. Bei einem dichten Pflanzenbesatz beispielsweise kann es passieren, dass die Pflanzen fast alles entstehende Ammonium sofort für ihren eigenen Stoffwechsel verwerten. Die Bakterien, die Ammonium zu Nitrit umbauen, können dann nur sehr langsam Fuß fassen und der Nitritpeak kommt spät oder bleibt gering. Das Beispiel „Pflanzenbesatz" zeigt bereits, man kann etwas tun! Dazu braucht man jedoch ein bereits gut eingefahrenes Aquarium, das groß genug ist, dass man ihm ausreichend Bodengrund und Pflanzen, vielleicht auch eine kleine Wurzel, entnehmen kann. An der Oberfläche dieser Materialien kommen sowohl die nitriterzeugenden als auch die nitritabbauenden Bakterien in einem ausgewogenen Verhältnis ausreichend vor! Was

man nicht zu tun braucht: Wasser aus dem Spenderbecken für das neu einzurichtende Aquarium zu entnehmen. Im Wasser sind so gut wie keine der benötigten Bakterien vorhanden.

Im Handel werden auch Bakterienstarter angeboten. Die gibt man bei der Neueinrichtung den Packungshinweisen entsprechend ins Aquarium. Ich habe von sehr verschiedenen Erfahrungen mit Bakterienstartern gehört – in vielen Fällen funktionieren sie, in anderen jedoch auch nicht.

Wenn ein Aquarium „eingefahren" ist, können unsere Messreagenzien (außer für gelegentliche Kontrollen) erst mal in den Schrank gestellt werden. Die Wasserwerte werden sich nicht mehr wesentlich verändern.

Belebtschlamm im Aquarium

Mulm, Schlamm und Dreck sind für die meisten Aquarienfreunde dasselbe. Wenn man ein Häufchen Mulm im Aquarium findet, wird es sofort weggesaugt, andernfalls fürchtet man um die Gesundheit der Fische oder um das Ansehen bei anderen Aquarienfreunden. Letzteres mag stimmen; für das Aquarium und die Fische ist Mulm eher ein gutes Anzeichen! Mulm ist nämlich nicht etwa eine Ansammlung von Dreck, sondern eine Ansammlung von Bakterien – von Bakterien, die im Aquarium für sauberes und gesundes Wasser sorgen!

Unglaublich? Das sauberste und geeignetste Wasser für unsere Aquarienfische gibt es zweifellos in ihren Heimatgebieten, zum Beispiel in Amazonien. Wenn ich dort unterwegs bin, um Salmler und Buntbarsche zu filmen, habe ich in erster Linie ein Problem: den Mulm, den ich ständig aufwirble, wenn ich mich in den Wasserläufen bewege. Er stört meine

Nützliche Bakterien

Filmaufnahmen! Er zeigt mir aber auch, dass das Wasser intakt ist.
Die Bedeutung der wasseraufbereitenden Bakterien wurde oben ausführlich vorgestellt. Diese Bakterien brauchen feste Substrate als Standort, und das ist in vielen Fällen Mulm.

Gerd Kassebeer gründlich auseinandergesetzt und dazu Versuche mit Meßreihen angestellt. Er zählt eine beeindruckende Vielzahl von positiven Wirkungen des alten Schlammes auf, von denen ich hier nur einen Teil aufzählen kann: Alter Schlamm bewirkt einen stabilen pH-

⬇ *Zwergbuntbarsch (Apistogramma) im Naturbiotop zwischen Nadelsimsen und Mulm*

Dieser Mulm ist nichts anderes als ein flockiges Gemisch verschiedenster Mikroorganismen, in erster Linie Bakterien, aber auch Einzeller. Daneben gibt es noch Zellulosefasern und andere organische Reststoffe. Die Flockung dieses sogenannten Belebtschlammes kommt im Wesentlichen daher, dass zahlreiche der hier lebenden Bakterien eine schleimige Hülle ausscheiden und sich so zusammenlagern. Auf diese Weise bleiben die Mikroorganismen am Substrat und fluten nicht einzeln im freien Wasser. Sollte das dennoch geschehen, kommt es zu einer mikrobiellen Wassertrübung. Das passiert selten, in erster Linie bei noch nicht eingefahrenen Aquarien.
Mit dem Schlamm, Mulm und den bakteriellen Bezügen im Aquarium hat sich

Wert, giftfreies Wasser, den Abbau von Trübstoffen, die Freisetzung von Nährstoffen und einen stabilen Nitratwert. Wer möchte, kann näheres im Internet nachlesen: www.deters-ing.de/Gastbeitraege/nitritpeak.htm
Ein Aquarium ohne Bakterien ist mittel- und langfristig nicht möglich. Aber man muss dazu wissen, dass die Bakterien, von denen hier die Rede ist, Sauerstoff für ihre Existenz brauchen. Das ist der Grund, weshalb sie an Substratoberflächen, in wasserdurchströmten Filtern und Filterkammern oder eben in Mulmflocken sitzen. Ohne Sauerstoff würden sie absterben! Aus diesem Grund sollte man einen Filter mit Belebtschlamm niemals für längere Zeit ausschalten!

Der beste Ort für den Belebtschlamm ist sicher der Filter! Jedoch leben die Bakterien auch in den obersten Schichten des Bodens, auf Steinen, Pflanzen und allen anderen Flächen des Aquariums einschließlich der Scheiben. Sie befinden sich hier in einer nur dünnen Schicht, die man als Biofilm bezeichnet. Wenn diese Plätze für die Bakterien (der Biofilm und der Belebtschlamm im Filter) nicht ausreichen, dann bildet sich Mulm.

Zweifellos ist der Mulm, auch wenn man von seiner Bedeutung als Belebtschlamm weiß, keine Zierde des Aquariums. Ihn regelmäßig abzusaugen, also die klassische „Reinigung" des Aquariums, wäre sicherlich ein Fehler. Abhilfe bringt ein ausreichend großer Filter, in dessen Klärkammern oder Filtermedien ausreichend Mulm und Belebtschlamm sein kann – hier würde sich besonders ein Mattenfilter anbieten.

Man kann es aber auch so machen, wie die Natur es uns zeigt: Der Bodengrund wird mit einer nicht zu dünnen Schicht von Laubblättern bedeckt; speziell Buchenlaub hat sich hier bewährt. Erstens haben die Bakterien jetzt die Möglichkeit, große Flächen als Biofilm zu besiedeln und zweitens würde verbleibender Mulm zwischen bzw. unter den Blättern nicht auffallen. Dass die Blätter noch einen anderen Vorteil aufweisen, sei nur nebenbei bemerkt: Sie sind Zufluchtorte für schwächere Fische und Garnelen! Auch sieht das rotbraune Laub zwischen grünen Pflanzen keineswegs schlecht aus. Und einer eventuellen Schmieralgenplage kann man viel schneller Herr werden, wenn man im Wesentlichen nur die Blätter auszutauschen hat.

◐ *Boraras spec. 'South Thailand' werden etwa 1,5 cm lang. Hier im naturnahen Becken mit altem Buchenlaub.*

Hamburger Mattenfilter

Der Mattenfilter ist einfach, aber genial! Allerdings versteht man seine Wirkungsweise erst, wenn man sich mit der Rolle der Bakterien vertraut gemacht hat. Daher wird er erst an dieser Stelle beschrieben.

Einbau

In den letzten Jahren habe ich alle meine Aquarien mit Mattenfilter ausgestattet. Die Fotodokumentation zeigt, wie das bei einem Standard-Aquarium mit der Seitenlänge 50 cm aussieht. Es hat die Maße 50 x 28 x 26 cm und somit ein Fassungsvermögen von 40 Litern. Es ist somit ein etwas größeres Kleinaquarium. Durch den Einbau des Filters gehen allerdings etwa 10 Liter „verloren" – man hat am Ende also ein 30-Liter-Becken, aber ohne irgendwelche sichtbare Technik, von der Lichtanlage einmal abgesehen.

Die Bilder zeigen, wie einfach der Einbau eines Mattenfilters ist. Zunächst brauchen wir eine passende Filtermatte. Sie wird im Zoofachhandel bereitgehalten. Man sollte sich nicht von der leuchtend blauen Farbe abschrecken lassen; im Verlauf von einigen Wochen ist die Matte unauffällig graubraun! Die Matten sind 3-5 cm dick und werden in verschiedenen Porengrößen angeboten; im Zweifelsfall nehmen wir die etwas gröbere Ausführung.

Mit einem kräftigen Messer wird die Matte nun passend zurechtgeschnitten. Sie soll nachher stramm und gerade zwischen Front- und Rückscheibe sitzen. Am einfachsten ist es, das Aquarium direkt als Schablone zu benutzen. Wenn man die Außenmaße des Beckens nimmt, sollte es passen – aber lieber etwas zu großzügig messen, als zu knapp!

CHECK

Die Vorzüge des Hamburger Mattenfilters

- ☐ Er ist preiswert und kann für jedes beliebige Aquarium genutzt werden. Lediglich die ganz kleinen unter den Minibecken würde ich davon ausnehmen.

- ☐ Man hat ihn mit wenigen Handgriffen eingerichtet. Handwerkliches Geschick ist nicht erforderlich

- ☐ Er funktioniert im Dauerbetrieb und wird nicht gereinigt.

- ☐ Der Filter muss auch nicht abgestellt werden, wenn Lebendfutter ins Becken gegeben wird.

- ☐ Er dient als ausgezeichnetes Versteck für alle notwendigen, aber nicht unbedingt schmückenden Geräte, angefangen vom Filtermotor bis hin zum Thermometer und zum Regelheizer.

- ☐ Und das Wichtigste: Die Filtermatte ist ein Paradies für die notwendigen Bakterien, die für optisch klares, vor allem aber für biologisch gesundes Wasser sorgen.

↪ Zuschneiden der Filtermatte – die Aquarien-Seitenscheibe dient als Schablone.

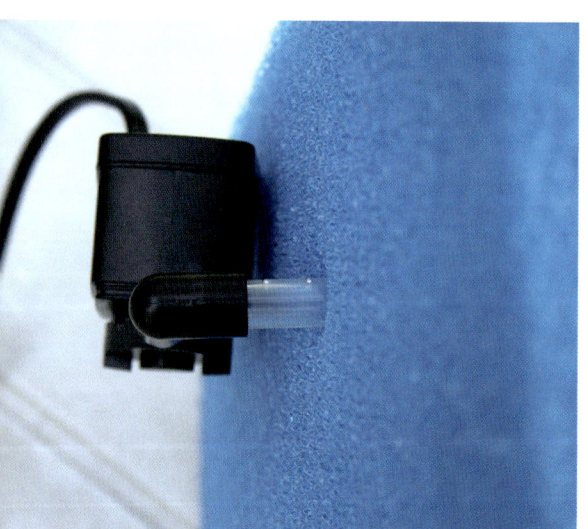

❶ *Das Ausströmerrohr ist durch die Filtermatte gesteckt.*   ❶ *Das Aquarium mit Filtermatte und Bodengrund.*

Jetzt zum eigentlichen Filterantrieb. Man hat die Wahl zwischen einem mit Luft betriebenen Filter – bei kleineren Aquarien sicher die beste Wahl – oder einem kleinen Motorfilter. Ich habe hier einen 5 Watt Innenfilter gewählt. Der Ausströmer wird nun durch die Matte gebohrt. Am besten bohrt man mit einem spitzen Gegenstand (einem Nagel o.ä.) vor und schiebt dann das Rohr durch diesen Kanal. Dann legt sich die Filtermatte fest um das Ausströmerrohr. Auf keinen Fall sollte man hier ein Loch hineinschneiden!

Auf entsprechende Weise kann man auch Pflanzen an der Matte befestigen. Gut eignen sich hierzu Wurzelstöcke von *Anubias* oder Javafarn. Sie können im Laufe der Zeit große Flächen der Filtermatte bewachsen.

Der am Ausströmer befestigte Motor braucht seine Saugnäpfe nicht; er ist durch das Filterrohr ausreichend fixiert. Der Motor sollte in mittleren Zonen angebracht werden. Wenn er zu hoch montiert wird, könnte er bei einem unerwarteten Absinken des Wasserstandes trockenfallen und zerstört werden.

Die Größe der Filterkammer ist wenig entscheidend. Es sollen der Filter und natürlich der Regelheizer und das Thermometer untergebracht werden. Nach der Einrichtung des Aquariums kann der Filter sofort in Betrieb genommen werden.

Für viele Aquarianer mag es gewöhnungsbedürftig sein, dass seitlich an der Frontscheibe die Matte und die Filterkammer zu sehen ist. Gewiss ist es schöner, diese Partie durch einen dunklen Streifen abzudecken. Es ist auch klar, dass dieser etwa 9 bis 10 cm breite Bereich umso störender wird, je kleiner das Aquarium ist! Bei Minibecken mit einer Seitenlänge von 30 cm dürfte die Untergrenze des Mattenfilters erreicht sein.

Das Bauprinzip des Mattenfilters ist einfach; es kann auch sehr leicht abgewandelt werden. Bei kubischen Becken würde ich vorziehen, die Matte quer vor die hintere Aquarienwand zu bauen und sie schön mit Pflanzen bewachsen zu lassen. Da

Hamburger Mattenfilter

🔵 Das Aquarium fertig eingerichtet mit Pflanzen, Wurzeln und Kunsthöhlen. Die Matte fällt kaum auf.

die Matte biegsam ist, ergeben sich auch andere Möglichkeiten: Man kann sie leicht in eine der hinteren Aquarienecken gebogen einpassen. Dafür sollte man aber aus Gründen der späteren Stabilität Randleisten einsetzen, die die Matte in ihrer Lage fixieren.

Selbstverständlich kann anstelle der Strömungspumpe auch ein „Blubberfilter" auf Lufthebebasis verwendet werden. Die sind allerdings im Betrieb etwas lauter.

Zurück zu den Bildern: Lediglich zur Dokumentation habe ich ein gut eingerichtetes und eingefahrenes Aquarium geleert und dann den Mattenfilter eingebaut. Normalerweise ist das unsinnig, denn ein Mattenfilter ist sehr einfach auch in ein fertig eingerichtetes Aquarium einzubauen. Natürlich habe ich den Bodengrund, so wie er war, wieder ins Aquarium eingefüllt, ebenso das Deko-Material und die meisten Pflanzen. Ein Nitritpeak ist so kaum zu erwarten – dennoch ist es besser, mit dem Fischbesatz zu warten bis das Aquarium eingefahren ist.

Wartung

Das ist das Schönste: Ein Mattenfilter braucht nicht gewartet zu werden – jeder Eifer schadet hier. Die große Filteroberfläche bietet den Bakterien eine sehr große Besiedlungsfläche, sodass sie ihre Aufgaben ausgezeichnet erfüllen können. Das grelle Blau des Filters weicht schon nach wenigen Tagen einer unauffälligen Tarnfarbe! Bald wird man sehen, dass die Filtermatte besonders für Garnelen ausgesprochen attraktiv ist – sie halten sich hier gern beim Futtersuchen auf.

Es kann allerdings passieren, dass die Filtermatte irgendwann doch mal verstopft. Man erkennt es an dem absinkenden Wasserstand in der Filterkammer. Dann wird man die Matte nicht etwa herausholen und waschen (!), man drückt sie in Teilen leicht von beiden Seiten und nimmt dabei in Kauf, dass kurzzeitig ein brauner Mulm freigesetzt wird. Das ist alles! Sollte sich dieses Problem allerdings in kurzen Abständen wiederholen, ist zu fragen, ob der Motor nicht eine zu hohe Leistung entwickelt.

Einrichtung und Pflege

Einige Vorüberlegungen sind notwendig. Wollen wir ein kleines Aquarium, das in erster Linie als Dekoration dienen soll?

Wollen wir bunte Fische und kleinere Krebse vergesellschaften oder wollen wir in erster Linie interessante Tiere beobachten? Im ersten Fall genügt bereits ein 10-Liter-Minibecken, in den anderen Fällen sollte man doch zu größeren Aquarien greifen.

Standort

Die Standortfrage stellt sich zumeist nicht mehr, wenn der Entschluss gefallen ist, sich ein Aquarium anzuschaffen. Dennoch – hat man alles bedacht? Am besten steht ein Aquarium in der dunkelsten Ecke des Raumes. Das ist nicht lediglich eine Frage der Schauwirkung. Nur so können wir die Belichtung für unser Aquarium steuern und so wenigstens weitgehend einer unerwünschten Algeninvasion vorbeugen. Auf jeden Fall gilt es, das kleine Becken vor Sonnenstrahlen zu schützen – neben der Algengefahr droht eine zu starke Aufheizung des Aquarienwassers. Aus diesem Grund sollte das Aquarium auch nicht direkt in Ofennähe stehen.

Natürlich wird zur Aufstellung eine stabile Unterlage gebraucht, auch wenn ein Kleinaquarium „nur" 10 bis etwa 50 kg wiegen wird. Ein freistehendes Regal, auch wenn es stabil erscheint, sollte auf jeden Fall fest mit Dübeln an der Wand verankert sein. Ansonsten eignet sich natürlich jeder stabile Tisch oder Schrank. Nichts wäre ärgerlicher, als wenn das Aquarium plötzlich undicht werden würde. Wenn es auf einer nicht ganz planen Unterlage aufgestellt wird, kann das schon mal geschehen. Wir verhindern diese Gefahr weitgehend, wenn wir das Becken auf eine Styropor-Unterlage stellen.

Einrichten Schritt für Schritt

Ein Kleinaquarium hat den Vorteil, dass man es – zumindest in der warmen Jahreszeit – auch im Garten oder auf dem Balkon einrichten kann. Dann braucht man nicht auf jeden Wasserspritzer aufzupassen! Vor dem Wassereinfüllen sollten wir es jedoch an seinen endgültigen Standort tragen – die richtig zugeschnittene Styroporunterlage sollte dort schon liegen.

Vor dem Einrichten brauchen wir einen Plan. Einige Aquarianer fertigen hierzu eine Skizze an, die meisten dürften darauf wohl verzichten. Aber man sollte schon alle technischen Geräte und das Dekorationsmaterial – Bodengrund, Steine, eine dekorative Wurzel und auch die

🛈 *Eine dekorative Wurzel sollte nicht fehlen.*

Pflanzen – bereitlegen. Damit die Pflanzen nicht geschädigt werden, legen wir sie in richtig temperiertes Wasser. Jetzt gehen wir Schritt für Schritt vor.

1. Hamburger Mattenfilter

Wer sich hierfür entschieden hat, sollte ihn jetzt als erstes einbauen. Dazu gehört dann auch die ganze Technik. Das Ganze wurde auf der Seite 31-33 beschrieben und illustriert. Es ist aber durchaus möglich, diesen einfachen Aufbau auch später zu machen.

2. Rückwand anbringen

Wer eine Innenrückwand im Becken anbringen möchte – es gibt hier wunderschöne Rückwände im Felsen-Design – müsste sie jetzt einbringen (Gebrauchsanleitung beachten). Andere Möglichkeit: Bekleben der Rückwand außen mit Dekorfolie – schwarz oder dunkelblau wirkt in den meisten Fällen am schönsten.

3. Bodengrund einbringen

Der Handel bietet dunklen Kies an, der sich speziell für kleine Garnelenbecken sehr gut eignet. Man sollte ihn unter fließendem Wasser gut durchwaschen. Vor dem Einfüllen sollte man den Glasboden des Aquariums jedoch etwa 2 cm hoch mit einem Spezial-Nährboden auffüllen. Viele Pflanzen holen ihre Nährstoffe direkt aus dem Boden, andere entnehmen sie dem Wasser. Die erste Gruppe hat dann auf jeden Fall für lange Zeit ausreichend Nährstoffe.
Eine andere Möglichkeit ist es, natürliches Bodensubstrat zu nehmen, das man in Kiesgruben oder am Grund von Bächen findet. Auch dieser Bodengrund muss durchgewaschen werden. Ich bevorzuge da ein Gemisch von Sand und Kies, das sich bei meinen Aquarien sehr gut bewährt hat. Seesand ist ungeeignet, da darin eine Vielzahl von kalkhaltigen Substanzen (Reste von Schnecken- und Muschelschalen) zu erwarten ist.

Einrichten Schritt für Schritt

↑ *Grober Naturkies macht sich immer gut im Aquarium.*

Wenn immer machbar, sollte man möglichst viel Bodengrund aus einem bereits eingefahrenen Aquarium benutzen; der wird selbstverständlich nicht gewaschen und kommt oben auf den gewaschenen Bodengrund! Dann stellt sich das biologische Gleichgewicht in unserem Aquarium sehr viel schneller ein, als wenn alles ganz „frisch" und klinisch rein ins Aquarium kommt.

4. Dekoration einbringen
Jetzt werden die ausgewählten Steine platziert. Ästhetisch wirkt es immer, wenn man unterschiedlich große Steine der gleichen Art als Gruppe anordnet. Auch eine dekorativ geformte Wurzel sollte nicht fehlen. Letztendlich ist die Dekoration natürlich eine Frage des persönlichen Geschmacks und bestimmt darf ein Aquarium, das man in erster Linie für seine Kinder angeschafft hat, auch entsprechend gestaltet sein!

5. Aquarium aufstellen
Sollte das Aquarium zum Einrichten noch nicht am vorgesehenen Aufstellungsort stehen, wird es jetzt Zeit, es dorthin zu transportieren und auf die Styropormatte zu stellen. Ich benutze hierfür sicherheitshalber derbe Gartenhandschuhe.

6. Aquarium zu 2/3 füllen
Das Aquarium kann jetzt weitgehend befüllt werden. Damit nicht zu viel Bodengrund aufgewirbelt wird, lege ich eine Lage Zeitungspapier ein und beschwere sie mit einem Teller. Jetzt kann man das auf etwa 20 °C angewärmte Wasser langsam einlaufen lassen.
Wenn das Wasser nicht außergewöhnlich hart ist, kann man bedenkenlos Leitungswasser nehmen. Es ist normalerweise nicht nötig, es extra aufzubereiten. Wer weiches Wasser für die Pflege bestimmter Fische braucht, sollte es bereits vorher bereitstehen haben.

7. Wasserpflanzen einsetzen

Eine der wichtigsten Regeln beim Pflanzenkauf: Nicht kleckern sondern klotzen! Viele Pflanzen sind ein Garant für ein schönes Becken, das sich auch bald stabilisieren wird. Hüten wir uns allerdings vor einem zu bunten Pflanzen-Mix! Mehr als 5 oder 6 Arten in einem Kleinaquarium sind fehl am Platze.

Nun zum Bepflanzen selbst: Topfpflanzen werden aus ihrem Topf geholt und so weit wie möglich von dem Kultursubstrat befreit. Lange Pflanzenwurzeln werden mit einer Schere eingekürzt. Wurzelstöcke (Rhizome) von *Cryptocorynen* oder *Anubias* darf man jedoch nicht von den grünen Pflanzen trennen! Sie sind ja die Kraftpakete der Pflanzen. Und auch die Farn-„Wurzeln" werden nicht abgeschnitten! Jede Pflanze sollte einzeln gepflanzt werden. Die bequeme Methode, die Pflanzen gleich büschelweise einzusetzen, führt schnell zum Verlust einzelner Pflanzen. Achten wir darauf, die Pflanzenwurzeln nicht einfach in den Boden zu drücken. Durch rücksichtsvolles Einpflanzen verhindert man, dass die Wurzeln und die Rhizome unnötig gequetscht werden. Man tut gut daran, für die Erstbepflanzung eines neu eingerichteten Aquariums einen größeren Teil schnell wachsender Stängelpflanzen zu nehmen. Man wird sie gruppenweise in eine der hinteren Ecken einsetzen und dabei versuchen, einiges von der technischen Einrichtung zu verdecken. Sie entziehen dem Wasser Nährstoffe, die sonst den immer in geringen Mengen vorhandenen Algen zugute kämen. Später kann man Stängelpflanzen durch dekorativere Pflanzen ersetzen. Pflanzen, die man aus eingefahrenen Aquarien übernehmen kann, sollten frisch, wie sie sind, eingesetzt werden. Bei neu gekauften Pflanzen ist allerdings nie auszuschließen, dass sie mit Pflanzenschutzmitteln behandelt wurden, die speziell den Wirbellosen schaden. Dann ist sicherheitshalber mehrtägiges Wässern angesagt (vgl. S. 58).

8. Technische Geräte installieren

Falls nicht bereits ein Mattenfilter mit der dazu gehörenden Technik eingebaut wurde (Schritt 1), werden nun die technischen Geräte (Filter, Regelheizer, Thermometer) eingesetzt und das Aquarium komplett aufgefüllt. Mit einem Stab können wir jetzt noch ein vorläufig letztes Mal kleine Korrekturen an der Bepflanzung vornehmen.

Nun werden die Geräte angeschlossen und auf ihren korrekten Betrieb geprüft. Deckscheibe und Licht (möglichst mit Zeitschaltuhr) werden jetzt ebenfalls installiert.

9. Das Aquarium einfahren

Jetzt kommt für viele Aquarianer die schwierigste Zeit – sie müssen der Versuchung widerstehen, gleich Tiere in das Aquarium zu setzen! Aber ein neu eingerichtetes Aquarium ist biologisch noch tot oder zumindest sehr instabil. Wie ausführlich erklärt (S. 26), besteht die große Gefahr, dass sofort eingesetzte Tiere wenige Tage nach einer Aquarienneueinrichtung durch die Tätigkeit (bzw. vorübergehende Untätigkeit) einiger Bakterien vergiftet werden. Das Ausmaß der Vergiftungsgefahr durch das in der Einfahrphase in stärkerem Maße entstehende Nitrit ist nicht vorhersagbar. Sicherheitshalber sollte man zwei Wochen mit dem Einsetzen der Fische warten. In dieser Zeit ist ein ein- oder zweimaliger Teilwasserwechsel (30 bis 50 % Neuwasser) angesagt. Direkt vor dem Fischbesatz sollten noch mal die Nitritwerte überprüft werden.

Einrichten Schritt für Schritt

↓ *Dekoratives Aquarium mit Quergestreiften-Zwergbärblingen, Microrasbora erythromicron*

Die Einfahrphase verkürzen

Man kann die Einfahrphase verkürzen, wenn man direkt nach der Neueinrichtung einen Biostarter einsetzt. Es handelt sich dabei um eine Mischung der Bakterien, die für den Betrieb eines Aquariums notwendig sind. Leider ist hierbei die Wirkung nicht exakt vorhersagbar, auch wenn man sich natürlich strikt an die Gebrauchsanleitung des jeweiligen Herstellers halten sollte. Ein Aquarium ist ein außerordentlich komplexes Biosystem. Auch mit einem Biostarter dauert die Einfahrphase mindestens eine Woche und auch hier sollte man vor dem Einsetzen der Tiere die Nitritwerte überprüfen. Verwechseln Sie den Biostarter bitte nicht mit einem „Wasser-Aufbereiter". Diese Mittel sollen Chlor und eventuelle Schwermetalle aus dem Leitungswasser entfernen – normalerweise eine unnötige Investition, denn Chlor hat, wenn es denn im Wasser sein sollte, es bereits nach wenigen Stunden stehenlassen verlassen, und Schwermetalle dürfen im Trinkwasser ohnehin nicht vorhanden sein.

Wer Bodengrund aus einem eingefahrenen Aquarium und dazu noch einen vorher nicht „gereinigten" Filter verwendet, auch noch mit den entsprechenden Pflanzen und Wurzeln aus einem Altbecken einrichtet, hat in der Regel keinen gefährlichen Nitritpeak zu befürchten.

Das Aquarium im Betrieb

Täglich sollten wir einen kontrollierenden Blick auf unser Aquarium werfen: Stimmt die Temperatur, läuft der Filter, sehen die Fische gesund aus? Das geschieht bei der täglichen Fütterung ganz automatisch. Lediglich bei Wochenendausflügen oder im Urlaub sollten wir Ausnahmen zulassen.

Beleuchtung

Das Licht sollte über eine Zeitschaltuhr automatisch laufen. Wasserpflanzengärtner berichten, dass Aquarienpflanzen für eine mittägliche Dunkelpause dankbar seien. Für die ungeliebten Algen sei eine derartige Lichtpause dagegen eher nachteilig. Am besten stellen wir die Zeituhr so, dass das Licht vormittags für 4 bis 5 Stunden eingeschaltet ist, dann sollte eine „Mittagspause" von etwa 2 Stunden folgen, danach wiederum 5 bis 7 Stunden Licht. Natürlich darf man gelegentliche Ausnahmen zulassen – wenn man Gäste hat, wäre das Aquarium-Ausschalten ein „Rausschmeißer"! Aber sowohl die Pflanzen als auch die Fische sind für einen festen Rhythmus dankbar!

Filter

Die Filteranlage sollte generell im Dauerbetrieb laufen. Schon nach wenigen Stunden Stillstand sterben die Bakterien, die das Filtersubstrat besiedeln. Sie brauchen Sauerstoff für ihren Stoffwechsel! Wer häufig und gern Lebendfutter verfüttert, hat hier leicht ein Problem, denn diese Kleintiere sollen natürlich nicht in den Filter gelangen. Man muss sich dann damit behelfen, nur sehr wenig Futter ins Becken zu geben und den Filter nach spätestens einer Stunde Stillstand wieder einzuschalten oder – weit besser – den Ansaugteil mit einer Schaumstoffpatrone zu überziehen. Wer einen Filter ohne Kammer, nur mit Schaumstoffpatrone, betreibt, hat dieses Problem natürlich nicht; ebensowenig der Besitzer eines Hamburger Mattenfilters.

Filterreinigung

Für spezielle Zwecke gibt es Torf- oder Aktivkohle als Filtereinsätze. Wer diese chemisch-physikalisch wirkenden Filtermassen benutzt, muss sie regelmäßig erneuern, sie sind nicht regenerierbar. Aktivkohle sollte nur bei besonderem Bedarf und auf begrenzte Zeit eingesetzt werden. Die übrigen Filtermassen wirken biologisch und sind das Herzstück eines Filters! Sie haben alle nur einen Sinn: Besiedlungsfläche für Bakterien zu bieten, die durch ihre Arbeit das Wasser klären und aufbereiten. Bei jeder Filterreinigung werden diese Bakterienkulturen geschädigt! Auch der Filterschlamm ist mit Bakterien und anderen Kleinstlebewesen belebtes Substrat. Eine „Reinigung" wird erst nötig, wenn der Filter nicht mehr richtig läuft und nicht mehr ausreichend Frischwasser an die Bakterien gelangt. Dann sollte man die Filtermassen in temperiertem Wasser vorsichtig ausspülen. Belassen wir aber immer einen kleinen Teil des Substrats unbehandelt. Dann kann die Regeneration der schadstoffabbauenden Bakterien schneller erfolgen.

Ich will nicht verschweigen, dass ich auch etliche Aquarien ohne Filterbetrieb laufen lasse. Für viele Labyrinthfische, aber auch für manche anderen Arten sind Filter schlicht unnötig. Andererseits wird man sehen, dass viele Pflanzen unter diesen Umständen kümmern und dass sich Mulm am Boden absetzt.

Bodengrund und Pflanzen

In jedem Aquarium bildet sich nach einiger Zeit Mulm am Boden. Er sieht aus wie Dreck und wird deswegen von vielen

Das Aquarium im Betrieb

🔽 *Weißperlen-Garnele mit Eiern*

Aquarianern umgehend entfernt. Es gibt im Handel sogar Mulmglocken, mit denen der Bodengrund von darin sitzendem Mulm befreit werden soll. Es ist für viele schwer zu begreifen, aber Mulm gehört zum Aquarium! Es sind Zellulosereste verrottender Pflanzenteile, in größerem Ausmaß jedoch Bakterienkulturen und Kleinstlebewesen. Unsere Garnelen leben davon! Wer übermäßig viel Mulm hat, muss über seine Filterkapazität oder seinen Tierbesatz nachdenken – nach jeder Mulmentfernung haben die verbliebenen Bakterien doppelte Arbeit zu leisten. Tolerieren wir also zumindest in einer hinteren Aquarienecke eine gewisse Mulmzone! Wer es noch besser machen will, deckt seinen Aquarienboden großflächig mit vorjährigem Buchenlaub ab. Frisch eingebracht sinkt es nach wenigen Tagen zu Boden und verdeckt den Mulm. Machen wir uns klar, dass so nicht einfach „Schiet" zugedeckt wird! Wir geben den Bakterien neue Flächen zur Besiedlung, der Mulm wird abnehmen. Zusätzlich schaffen wir durch das verrottende Laub Futter für die Garnelen und Zufluchtsplätze. Das ist wirklich wie in der Natur – Natur pur!

Natürlich sollen unsere Pflanzen nicht vom Laub zugedeckt werden. In aller Regel werden sie jedoch so stark wachsen, dass wir sie immer wieder einkürzen müssen. Hier müssen wir handeln wie ein guter Gärtner und gelegentlich jäten und eventuell auch mal die eine oder andere Pflanze entfernen und durch eine andere ersetzen.

🔽 *Vorjähriges Buchenlaub gehört ins Garnelenbecken.*

41

Einrichtung und Pflege

Unsere Pflanzen ernähren sich von Licht und anorganischen Stoffen, die im Boden und/oder im Wasser sind. Nitrat ist immer ausreichend vorhanden, aber es gibt Spurenelemente, die man zusätzlich mit Dünger dazu geben sollte, wenn man auch anspruchsvollere Pflanzen längerfristig halten möchte. Also Bodendünger im Aquariengeschäft besorgen! Alternativ bewährt es sich vielfach, Lehm zu verwenden, den man sich leicht in der Natur besorgen kann. Man formt ihn zu kleinen Kügelchen, die man ein oder zwei Tage trocknen lassen sollte. Dann drückt man sie direkt neben die Pflanze, die versorgt werden soll, in das Substrat. Echinodoren und Cryptocorynen reagieren sehr gut darauf.

Im Fachhandel wird auch Aquarienpflanzen-Flüssigdünger angeboten und empfohlen, ihn bei jedem Wasserwechsel hinzu zu geben. Ich bin da sehr zurückhaltend (Algengefahr!) und gebe Flüssigdünger nur, wenn ich das Gefühl habe, dass meine Pflanzen ihn dringend brauchen, z.B. wenn das Wachstum total stagniert. Sollten die Pflanzen statt sattgrüner Blätter nur noch blassgelbe bilden, kann man auf Eisenmangel tippen. Auch hierfür gibt es im Handel ganz spezielle Dünger für Wasserpflanzen.

Grundsätzlich sollte man auf keinen Fall Dünger verwenden, wie er für Topf- oder Gartenpflanzen angeboten wird. Diese Düngemittel enthalten viel Nitrat und würden mit großer Wahrscheinlichkeit eine Algenexplosion auslösen.

Schwimmpflanzen sind für viele Fische und speziell für Jungfische sehr wichtig, teilweise unverzichtbar. Aber auch bei ihnen heißt es achtgeben! Sie können sich – so nah an der Lichtquelle – oft ausgezeichnet vermehren und beginnen dann, die unter ihnen im Boden wurzelnden Pflanzen zu beschatten. Besonders Wasserlinsen („Entengrütze"), die man sich leicht mit anderen Pflanzen oder mit Tümpelfutter einschleppt, können in kürzester Zeit die gesamte Oberfläche des Aquariums zuwachsen. Mit einem Kescher werden sie regelmäßig abgeschöpft, sollten aber nicht vollständig entfernt werden. Das ist etwas Arbeit, aber sie hat einen positiven Effekt. Mit dem Entfernen der Pflanzen beseitigt man gleichzeitig Stickstoffverbindungen, speziell Nitrate, die man anderenfalls nur durch Wasserwechsel entfernen könnte.

Die Kleine Wasserlinse (Lemna minor) und die größere Spirodela polyrhiza

Wasserwechsel

Beim Wasserwechsel scheiden sich die Geister. Einige Aquarianer halten es für unumgänglich, jede Woche etwa ein Drittel des Wassers durch frisches Wasser entsprechender Qualität zu ersetzen, andere hüten ihr „Altwasser" wie einen kostbaren Schatz. Vermutlich liegt auch hier die Wahrheit in der Mitte. Auch wenn es nie dazu kommt, dass die Fische bei sehr seltenem Wasserwechsel in ihrer eigenen Jauche schwimmen (die gelbliche Farbe kommt von Gerbstoffen), ein gelegentlicher Wasserwechsel wirkt sich

belebend auf den Pflanzenwuchs und auf die Fische aus. Es wird das sich anhäufende Nitrat entfernt, vor allem aber auch Hemmstoffe, die von den Organismen produziert werden. Ihre Rolle ist noch viel zu ungenau erforscht, aber ohne Zweifel findet in der Natur und auch in unserem Aquarium ein heimlicher Krieg mit Chemiewaffen statt. Durch die verschiedensten Botenstoffe versuchen viele Pflanzen, ihre artfremden Nachbarn zu schädigen. Daher sieht man in der freien Natur unter Wasser zwar immer mal wieder Wasserpflanzen, aber sie wachsen meist in Monokultur, nicht so bunt gemischt wie in einem Aquarium. Dass ein Wasserwechsel diesem Tun entgegenwirkt, ist offensichtlich.

Für kleine Minibecken mit sehr kleiner Filterkammer empfehle ich, alle zwei Wochen etwa ein Drittel des Wassers durch gleichtemperiertes Wasser zu ersetzen. Wer einen leistungsfähigeren Filter hat, kann die Abstände bedenkenlos verlängern. Wer Krebse hält, sollte jedoch daran denken, dass sie weit mehr auf Frischwasser angewiesen sind als die meisten Fische. Hier sollte man es sich zur Gewohnheit machen, wöchentlich ein Drittel des Wassers auszutauschen.

Fütterung

Höhepunkt des Aquarien-Tages ist die Fütterung. Hier hat man Gelegenheit, die Fische ausgiebig zu beobachten, zu sehen, ob sie sich natürlich verhalten oder ob irgendetwas nicht stimmt. Man hat die Wahl zwischen einer Vielzahl von Futterarten. Eine gewisse Abwechslung beim Futter tut in jedem Fall gut. Da wir die Fische bei der Fütterung beobachten, werden wir auch bald wissen, was für sie das Beste ist – das kann von Art zu Art sehr verschieden sein.

Trockenfutter

Für die meisten Zwecke ist hochwertiges Trockenfutter ausgezeichnet geeignet. Es wird in verschiedenen Darreichungsformen angeboten, als Futterflocken, als Granulat oder in Tablettenform. Für die meisten Kleinfische sind die Futterflocken ideal, die man in vielen Fällen zwischen den Fingern noch etwas kleiner reiben sollte. Auch Garnelen und andere Krebse lieben Trockenfutter. Für sie gibt es spezielle Futtersorten, die auf ihre besonderen Bedürfnisse zugeschnitten sind, aber bei gemeinsamer Haltung mit Fischen kann man natürlich nicht getrennt füttern!

Frostfutter

Die Auswahl von Frostfuttersorten ist bei den meisten Händlern erfreulich groß. Es handelt sich dabei um eingefrorene Futtertiere, die entweder aus dem Freiwasser oder aus Zuchten stammen. In jedem Fall handelt es sich um hochwertige Nahrung – aber auch hier gilt: Abwechslung ist wichtig! Für Nanotiere sind vor allem die folgenden Frostfutter-Sorten interessant:

Wasserflöhe: Eine ballaststoffreiche Nahrung aus planktonischen Kleinkrebsen, die jedoch bei einseitiger Fütterung zu Mangelerscheinungen führen kann.

Hüpferlinge: Ebenfalls Kleinkrebse, nährstoffreicher als Wasserflöhe.

Salzkrebse –
ihre Larven sind ein wichtiges Aufzuchtfutter.

Einrichtung und Pflege

Salzkrebs-Larven: Die *Artemia*-Nauplien sind ein gern gefressenes Frostfutter, das man sich auch selbst einfach als Lebendfutter züchten kann. Darauf achten, dass man für seine Kleinfische auch entsprechend kleine Salzkrebse bekommt, denn es werden auch die ausgewachsenen Salzkrebse angeboten.

Mückenlarven: Die Schwarzen, Weißen und Roten Mückenlarven sind ein sehr gern genommenes Futter mit optimalem Nährwert! Allerdings sind sie für ausgesprochene Nano-Tiere oftmals schon zu groß. Für alles Frostfutter gilt: Kein Futter kaufen, das schon erkennbar angetaut ist. Zum Verfüttern schneidet oder bricht man sich ein passendes Stück aus dem Eisblock und taut es auf – am besten in einem engmaschigen Netz – und spült es anschließend kurz mit Leitungswasser durch.

Lebendfutter

Einige Kleinfische brauchen unbedingt Lebendfutter. Nur die Bewegung der Futtertierchen löst den Zuschnappreflex aus. Hierzu gehören Blaubarsche, viele Grundeln, einige Killifische und Pracht-Zwergguramis. Aber eigentlich sind alle Fische für gelegentliche Lebendfuttergaben dankbar.

Lebendfutter hat den Vorteil, dass man bei der Futtermenge weniger vorsichtig dosieren muss als bei anderen Futterarten – vorausgesetzt, man hat den passenden Filtertyp! Bei vielen Händlern werden verschiedene Lebendfuttersorten angeboten. Sie sind in kleine Plastikbeutelchen eingeschweißt und halten sich auch einige Tage im Kühlschrank. Besonders empfehlenswert sind die Weißen Mückenlarven, die allerdings von der Größe her nicht mehr für sehr kleine Fische geeignet sind. Natürlich ist es möglich, sich planktonisches Lebendfutter auch selbst zu fangen.

Man braucht dazu die passende Ausrüstung: ein feinmaschiges Netz mit nicht zu kurzem Stiel und einen Eimer. Wichtiger aber ist ein passendes Gewässer, in dem man auch fangen kann und darf! Die Naturschutzgesetze sind länderweise recht verschieden.

Einfacher hat man es, wenn man selbst Besitzer eines Gartenteiches ist. Wenn er fischfrei ist, hat man gute Aussichten, ausreichend Futter für sein Miniaquarium zu bekommen. Auch eine große Regentonne kann eine gute Quelle von Futtertieren sein, wenn man das Wasser mit einer kleinen Schar Wasserflöhe als Zuchtansatz „impft". Mückenlarven stellen sich meist von selbst ein. Hier sollte man allerdings schon im eigenen Interesse und natürlich im Hinblick auf die Nachbarn darauf achten, dass nicht zu viele Schwarze Mückenlarven schlüpfen – es sind Stechmücken! Beim Lebendfutter bleibt immer zu bedenken, dass das Angebot saisonal wechselt. Das gilt für das Angebot im Laden, extremer noch für das Angebot im Freiwasser. Natürlich ist der Futterwert frisch gefangener Kleinsttiere kaum zu übertreffen. Andererseits ist nicht auszuschließen, dass man sich aus den Teichen vielleicht auch ungewünschte Besucher einschleppt. Wir müssen selbstverständlich beim Eigenfang

◊ *Der Futterwert frisch gefangener Tümpeltiere ist kaum zu übertreffen.*

44

Fütterung

umgehend nach einem Fangzug unseren Kescher kontrollieren und eventuell gefangene Lurche, Libellenlarven, Käfer und Wasserwanzen wieder zurücksetzen!
Was es noch zu bedenken gibt: Fische, die längere Zeit kein Lebendfutter bekommen haben, stürzen sich oft so heftig auf das Futter, dass sie sich überfressen. Es kann auch sein, dass kleine Fische an zu großen Lebendfuttertieren – ich denke hier speziell an die beliebten Weißen Mückenlarven – ersticken. Und ich habe sogar beobachten müssen, dass sich Rote Mückenlarven, die offenbar gierig und ohne zerkaut zu werden verschlungen wurden, sich auf kürzestem Wege durch die Körperwand eines Fisches befreit haben! Seither bin ich mit dem Verfüttern der Roten Mückenlarven zurückhaltend.

Pflanzliches Futter

Die Bedeutung von Herbstlaub zur Abdeckung von Teilen des Aquarienbodens wurde schon deutlich hervorgehoben. Garnelen ernähren sich von den verrottenden Pflanzenteilen. Daher sollten diese Blätter in einem Garnelenaquarium nicht fehlen. Das Wurzelholz unserer Dekoration ist ein Zusatzstoff für die Ernährung von Saugwelsen. Viele Kleinfische und Garnelen suchen im Mulm und in Algen- und Bakterienrasen nach Zusatzfutter. Selbst die Kahmhaut, eine dünne Bakterienschicht, die sich an der Oberfläche von ungefilterten Aquarien bildet, wird von vielen Fischen (besonders von Zahnkarpfen) gerne eingeschlürft. Krebse haben einen etwas anderen Geschmack als Fische. Als Allesfresser nehmen sie zwar anstandslos jedes Futter, das man ins Aquarium gibt. Versuchen Sie es aber mal mit Spinatblättern, mit Mohrrübenscheiben oder mit Gurkenstückchen, die Sie in der Mikrowelle kurz gegart

haben. Die Krebse werden es Ihnen danken und einige Saugwelse auch! Sehr gut kommen bei Krebsen auch Nagerpellets an!

Salzkrebse züchten

Für Minifische und speziell für Fischbrut eignen sich die kleinen Nauplien der Salinenkrebse. Diese Larven sind, wenn sie gerade schlüpfen, so klein, dass selbst viele Jungfische sie schon bewältigen können. Salinenkrebs-Eier (*Artemia salina*) sind im Zoohandel fast immer vorrätig. Achten wir darauf, dass sie möglichst frisch sind. Es ist sehr einfach, diese Eier zum Schlüpfen zu bringen:
Wir geben einen kleinen Teil der Eier (Messerspitze) in eine Schale mit salzhaltigem Wasser. Auf einen Liter Trinkwasser brauchen wir einen gestrichenen Teelöffel Kochsalz. Wenn wir diese Schale an eine warme Stelle (20 bis 28 °C) stellen, schlüpfen die Larven nach wenigen Tagen. Je wärmer es ist, desto früher dürfen wir die Nauplien erwarten. Die Nauplien sind nur wenig größer als die Eier, aus denen sie schlüpfen. Sie sind orangerot und hüpfen wie kleine Hüpferlinge durch das Wasser. Sie sammeln sich bevorzugt an der hellsten Stelle der Schale.
Mit einem kleinen Schlauch kann man einen Teil der Salzkrebschen abziehen und durch ein feines Netz filtern. Besser ist ein Artemiensieb, das im Fachhandel angeboten wird. Die Kleinen werden noch kurz mit frischem Wasser durchgespült, damit möglichst kein Salzwasser in das Aquarium kommt. Ins Wasser gegeben, sind sie eine ideale Nahrung für *Boraras* und andere Kleinfische. Im Gegensatz zu anderem Lebendfutter sollten wir aber sehr zurückhaltend mit der Dosierung sein. Die nicht gefressenen Salzkrebslarven sterben im Süßwasser bald ab und würden dann das Wasser verderben.

◐ *Kleine Brutanlage für Salzkrebse*

Neben der eben erwähnten Methode gibt es bessere, die jedoch etwas mehr Aufwand erfordern. Sehr gut kann man sie in Klarglasflaschen erbrüten, wenn man auch noch einen Durchlüfterschlauch hineinbringt. Die Durchlüftung erhöht die Schlupfrate deutlich. Allerdings darf man sie nur kurzzeitig zur Entnahme der Larven abstellen, anderenfalls würden die Nauplien absterben.

Wer rationeller züchten will oder wer für die Aufzucht von Jungfischen ständig frischgeschlüpfte Nauplien braucht, kann auf die eben beschriebene Weise auch zwei (oder auch mehr) Flaschen hintereinander schalten, wenn er die ersten Flaschen mit Stopfen und Anschlussschlauch versieht.

Algenplage

Nichts lässt gerade Anfänger in der Aquaristik so sehr verzweifeln wie eine Algenplage! Aber auch die versiertesten Altaquarianer sind vor dieser Heimsuchung nicht gefeit und leider haben auch sie kein Patentrezept gegen Algen.

Die größten Schwierigkeiten machen die Blau- oder Schmieralgen. Es sind diese schmierigen, muffig riechenden Beläge, die nach kurzer Zeit wie ein Schleier Boden, Pflanzen und andere Teile des Aquariums überziehen. Blaualgen sehen oft nicht blau, sondern eher bräunlich oder giftiggrün aus, und sie sind auch keine echten Algen. Sie sind näher mit Bakterien verwandt!

Nun zu den echten Algen: Sie sind ein- oder mehrzellige niedere Pflanzen, die überall im Wasser vorkommen, mal in sehr geringer Zahl, mal dominierend. Mit Sicherheit findet man einige von ihnen in jedem funktionierenden Aquarium. Zwischen den höheren Pflanzen und den Algen (einschließlich der Blaualgen) findet ein regelrechter Wettbewerb statt. Es geht dabei vor allem um die Nährstoffe. Sind die zahlreich vorhanden, daneben viel Dünger und sehr viel Licht, dann haben die Algen es leicht, die Aquarienpflanzen zu überwuchern. Auch die Zahl der Aquarienpflanzen ist von Bedeutung. Ein spärlich bepflanztes Becken wird von Algen viel schneller heimgesucht als ein Pflanzendickicht.

Es wird deutlich, was man alles gegen Algen tun kann: die Düngerzugaben für einige Zeit stoppen und das Aquarium so weit wie möglich abdunkeln, mindestens aber das Licht für einige Zeit auslassen. Leider schaden diese Maßnahmen aber auch den höheren Pflanzen – sie halten jedoch länger durch als die Algen. Zusätzlich hilft natürlich das mechanische Entfernen (einfach, wenn man am Boden eine Laubeinlage hat, die man ersetzen kann) und das Einsetzen von algenfressenden Fischen. Da empfehlen sich die kleinen Saugwelse *Otocinclus*, aber auch Lebendgebärende Zahnkarpfen.

Auf jeden Fall ist Vorbeugung das beste Rezept gegen Algen: Wenn das Becken in einer dunklen Ecke steht und nicht zu lange beleuchtet wird (Mittagspause beachten), wenn es gut bepflanzt ist und es (auch) von algenfressenden Fischen und Garnelen bewohnt wird, wenn wir nicht ständig Mulm absaugen, dann sollten wir eigentlich von der Algenplage verschont

Tiere kaufen und einsetzen

werden. – Wovon ich allerdings dringend abraten würde: Mit chemischen Algenvernichtern zu arbeiten!
Mit wenigen Algen sollte sich jeder Aquarianer abfinden. Sie sind für mehr Lebewesen in unserem Aquarium von Bedeutung als man denkt.

Tiere kaufen und einsetzen

Unser Aquarium ist fertig eingerichtet und die Einfahrphase ist vorbei. Noch einmal werden die Wasserwerte gemessen. Wichtig ist vor allem der Nitritwert! Wenn alles in Ordnung ist, können jetzt die tierischen Bewohner besorgt werden.
In der Zwischenzeit hat man sicher in das eine oder andere Aquariengeschäft geschaut und hat auch schon Vorstellungen vom zukünftigen Tierbesatz seines Aquariums. Im Idealfall hat man bereits Informationen über die neuen Pfleglinge eingeholt, in einem guten Buch oder im Internet. Dennoch sind Anfänger weitestgehend auf die Fachkenntnisse des Verkäufers angewiesen. Ein guter Verkäufer warnt auch mal vor dem Kauf eines bestimmten Fisches und gibt Tipps zur Vergesellschaftung der Arten. In vielen Fällen sind die Zoohändler auch bereit, besondere Wünsche zu erfüllen und dem Kunden seltene Tiere zu bestellen, wenn sie nicht vorrätig sind.
Zum Transport werden die Tiere in Plastikbeuteln verpackt, die zu etwa zwei Dritteln mit Luft gefüllt sind. Bei Krebsen wird noch ein Pflänzchen hinzu gegeben, an dem sich die Tiere festklammern können. Anschließend bekommen die Beutel noch eine mehrfache Lage Zeitungspapier zur Isolierung und als Sichtschutz.
Der Transport sollte jetzt schnell gehen, aber gut verpackte Tiere können notfalls auch mehrere Stunden in einem Transportbeutel aushalten. Daheim werden die noch verschlossenen Beutel für etwa eine halbe Stunde schwimmend ins Aquarium gelegt, damit sich die Temperatur angleichen kann. Dann werden die Beutel geöffnet und man gibt aus dem Aquarium vorsichtig etwa die Menge Wasser hinzu, die im Beutel ist. So werden die Tiere langsam an die neuen Wasserwerte gewöhnt. Nach einer halben Stunde wiederholt man die Prozedur, dann kann man die Tiere nach einer weiteren halben Stunde ins Aquarium geben. Hierzu fangen wir die Tiere mit einem feinmaschigen Netz behutsam aus dem Beutel heraus und überführen sie so in ihr neues Heim. Auf diese Weise kommt kein Wasser aus dem Transportbeutel ins Aquarium.
Jetzt werden die Tiere natürlich genau beobachtet! Einigen Tieren merkt man die Umsiedlung nicht an, andere brauchen einige Stunden, oft sogar Tage, um sich an die neuen Verhältnisse zu gewöhnen. Daher zeigen sie kurz nach dem Einsetzen in vielen Fällen noch nicht ihre Farbigkeit, und Appetit haben sie auch nur in den seltensten Fällen. Mit der ersten Fütterung sollte man noch ein paar Stunden warten – und dann besonders sparsam mit den Futtergaben sein.

Die Kardinalsgarnele, eine noch unbeschriebene Caridina-Art aus Sulawesi

Tiere und Pflanzen

Pflanzen sind dekorativ, bieten unseren Tieren Zufluchtsorte und Versteckplätze und geben uns das Gefühl, dass unser Aquarium lebt.

Aquarienpflanzen

Nur eine Aufgabe erfüllen Pflanzen weit weniger, als immer behauptet wird: Es geht um die Sauerstoffproduktion! Unbestritten, das Blattgrün der Pflanzen produziert Sauerstoff, zumindest bei Licht. Pflanzen sind daher für die meisten Tiere unverzichtbare Voraussetzung. Aber im Aquarium kann man locker auf die Sauerstoffproduktion der Pflanzen verzichten, zumindest dann, wenn man für eine Wasserumwälzung sorgt. Sauerstoff gelangt über die Wasseroberfläche mehr als genug in das Wasser. Wie wäre es sonst auch möglich, dass man in den meisten Tropengewässern vergeblich nach Unterwasserpflanzen sucht und es trotzdem von Fischen wimmelt?!

Bei den Pflanzen unterscheidet man grundsätzlich zwischen den relativ einfach gebauten Niederen Pflanzen und den höher entwickelten Blütenpflanzen. Algen, Moose und Farne werden zu den Niederen Pflanzen gezählt, alle anderen Wasserpflanzen sind Blütenpflanzen, unabhängig davon, ob sie ihre Blüten häufig, selten oder so gut wie nie zeigen!

Im Folgenden werde ich zunächst einige der für die Zwecke eines Kleinaquariums geeigneten Niederen Pflanzen vorstellen, danach die Blütenpflanzen.

➲ *Perlhuhnbärbling, Danio margaritatus*

Niedere Pflanzen

Die einfachsten unter diesen Pflanzen sind die Algen. Die Schwierigkeiten mit unerwünschtem Algenwachstum wurden bereits erwähnt. Es gibt aber gerade für Miniaquarien auch Algen, die sehr willkommen sind und die daher auch im Handel angeboten werden.

Algenball
Cladophora aegagropila
Diese Grünalge aus Europa und Ostasien hat eine sehr ausgefallene Wuchsform: Sie bildet kugelrunde, dunkelgrüne Bälle, die einen Durchmesser von bis zu 20 cm erreichen können. Algenbälle sind ausgesprochen pflegeleicht. Sie haben nur einen geringen Lichtbedarf, sollten aber nur bei maximal 25 °C gehalten werden. Sie wachsen allerdings sehr langsam. ↓

Moose
Hier unterscheidet man Lebermoose, die sich durch mehr oder weniger flächige Pflanzenkörper (Thalli) auszeichnen, und die mit feinen Stämmchen und Blättchen ausgestatteten Laubmoose.

Die zarten Moosgewächse sind für ein Miniaquarium allein schon aus dekorativer Sicht unentbehrlich. Einige der im Handel angebotenen Moose findet man sogar in deutschen Landen, so das Teichlebermoos *Riccia fluitans*, *Leptodictyum riparium* und das Spikymoos *Taxiphyllum*. Moose werden oft auch schon auf einem Stein oder einer Wurzel aufgebunden verkauft.
Fast alle Moose nehmen auch mit wenig Licht vorlieb, und das ist auch zu empfehlen. Bei höheren Lichtmengen veralgen sie schnell, und dann muss man sich von ihnen verabschieden. Ansonsten sind die langsamwüchsigen Moose ein beliebter Aufenthaltsort für Garnelen, die gern zwischen den zarten Blättern nach Fressbarem suchen.

Javamoos
Taxiphyllum barbieri
Das klassische Laub-Moos im Aquarium, auch als *Vesicularia dubyana* bezeichnet. Langsamwüchsig, auch mit geringen Lichtmengen zufrieden. Die anspruchslose Pflanze aus Südostasien verträgt bis zu 30 °C und kann gut auf Wurzeln oder Steine aufgebunden werden. Weitere *Taxiphyllum*-Arten: Flammenmoos mit flammenähnlichem Wuchs und das „Spikymoos" mit flachen, ausgebreiteten Trieben. ↓

Aquarienpflanzen

Korallenmoos
Riccardia chamaedryfolia
Ein niedrig bleibendes, bodendeckendes Lebermoos, das sich durch kleine, abgerundete Triebspitzen auszeichnet. Wächst gut am Bodengrund, ist aber auch für flache Steine und Wurzeln geeignet. Mit kleinen Rhizoiden heftet es sich nach einigen Wochen Eingewöhnung an Holz und Steine.

Teichlebermoos
Riccia fluitans
Eine weltweit verbreitete, auch in Deutschland häufige, robuste Schwimmpflanze mit zierlichen, gabelig verzweigten Thalli. An der Oberfläche treibend bildet sie dichte Polster, ideal für viele Jungfische und Garnelen-Babys.
In japanischen „Naturaquarien" ist *Riccia* fast unverzichtbar. Hier werden sie am Boden kultiviert; dazu müssen sie am Boden fixiert werden. Sie werden entweder mit Nylonfäden auf Steine oder Wurzelholz aufgebunden oder mit einem Haarnetz am Boden befestigt, das man über die *Riccia* legt und seitlich mit Steinen beschwert. Hochwachsende Pflanzenteile müssen mit der Schere gekappt werden! Bei Bodenhaltung ist *Riccia* sehr lichthungrig und dankbar für Düngergaben (auch CO_2). ◐

Hirschhorn-Lebermoos, „Pellia"
Monosolenium tenerum
Ähnelt *Riccia fluitans*, aber deutlich größer und dunkler. Kommt aus den subtropischen Gebieten Südostasiens. Auch in der Pflege ähnlich dem Teichlebermoos, *Riccia fluitans*. *Lomariopsis lineata*, der „Süßwassertang", sieht *Monosolenium* sehr ähnlich, ist allerdings heller. Hierbei handelt es sich aber weder um ein Moos noch um einen Tang. Es sind die Vorkeime (Prothallien) einer Farnpflanze!

Farne

Javafarn
Microsorum pteropus
Ein langsamwüchsiger, und dennoch ausgesprochen wertvoller Farn, da er mit sehr wenig Licht auskommt und auch sonst sehr anspruchslos ist. Er ist unkompliziert durch Tochterpflanzen zu vermehren und kann gut am Mattenfilter oder auf Holz befestigt werden. Für mich ist der Javafran eine der wichtigsten Aquarienpflanzen überhaupt!
Von dieser Art gibt es zahlreiche Zuchtformen. Für sehr kleine Aquarien ist vor allem die abgebildete Zuchtform 'Windelov' mit ihren zierlichen, bandartigen Blättern zu empfehlen. ◐

Schwimmender Hornfarn, Sumatrafarn
Ceratopteris pteridoides

Schwimmpflanze mit großen, lappigen Blättern, an deren Randkerben Adventivpflanzen entstehen. Hellgrün, sehr schnellwüchsig, einfach zu halten und zu vermehren. Ist als Einzelpflanze trotz ihrer Größe auch für Kleinaquarien ideal, wenn man regelmäßig die übergroß herangewachsene Elternpflanze entfernt und einen nicht zu kleinen Ableger belässt. *Ceratopteris thalictroides* und *cornuta* sind nahe verwandt. *Thalictroides* hat fein gefiederte Blätter, *cornuta* grob gefiederte bzw. gelappte Blätter. Diese Formen werden bevorzugt in den Boden gepflanzt und sind für Kleinaquarien eigentlich schon zu groß.

Kleinohriger Büschelfarn
Salvinia auriculata

Ein Schwimmfarn aus dem tropischen Südamerika, der sich durch seine zierlichen Blätter auszeichnet. Er besitzt dreiblättrige Quirle, von denen zwei an der Wasseroberfläche schwimmen und das dritte wurzelähnlich und fein zerteilt nach unten wächst. Die Oberfläche der Schwimmblätter ist durch feinste Härchen unbenetzbar. Unter günstigen Bedingungen ist die Pflanze wüchsig und eine Zierde für das Aquarium. Allerdings darf sie mit Rücksicht auf die anderen Pflanzen nur einen Teil der Wasseroberfläche bedecken. Sie ist gegen zu starke Wasserströmung und gegen Spritzwasser empfindlich und die Temperaturen sollten an der Wasseroberfläche 25 °C nicht übersteigen.

Stängelpflanzen

Die zu den Blütenpflanzen zählenden Stängelpflanzen unterscheiden sich von den Grundständigen Pflanzen durch einen meist nach oben wachsenden Stängel, an dem seitlich Blätter ansetzen. Sie sind in vielen Fällen sehr schnellwüchsig, benötigen dafür aber auch viel Licht. Da sie für ihr Wachstum eine relativ große Nährstoffmenge brauchen, sind sie besonders für den Erstbesatz geeignet, später können sie zum Teil gegen dekorativere Pflanzen ausgetauscht werden.

Aber – wer ein abwechslungsreich gestaltetes Aquarium haben möchte, kommt ohne Stängelpflanzen nicht aus! Stängelpflanzen müssen allerdings regelmäßig eingekürzt werden, wenn sie die Oberfläche erreicht haben oder – besser – man wartet etwas ab und lässt sie zunächst noch einige Tage an der Oberfläche fluten. Sie werden dann abgeschnitten und als Stecklinge wieder eingepflanzt.

Hornkraut
Ceratophyllum demersum

Sehr einfach bei jeder Wasserhärte zu halten und ausgesprochen schnellwüchsig. Wächst unter der Oberfläche schwimmend, kann aber auch im Bodengrund verankert werden, bildet keine Wurzeln. Wenn es aufschwimmt, wieder neu verankern! Muss immer wieder eingekürzt werden. Besonders als Erstbepflanzung geeignet; die Pflanze wird zu Recht gelegentlich als „Nährstoffschwamm" bezeichnet. Es gibt zweifellos schönere Aquarienpflanzen, kaum aber nützlicherere! ⬇

Rundblättrige Rotala
Rotala rotundifolia

Ebenfalls eine schon altgediente und empfehlenswerte Aquarienpflanze, die anspruchslos ist. Ihre Schönheit zeigt sie aber erst bei höheren Lichtmengen: Bei starkem Licht (0,66 W/L) zeigt sie rötliche Farben. In der Gattung *Rotala* gibt es aber auch recht anspruchsvolle Pflanzen wie *Rotala wallichii* und *macranda*. Sie brauchen neben weichem Wasser viel Licht und möglichst eine CO_2-Düngung. ❿

TIPP
Schnellwüchsige Pflanzen
Ebenfalls sehr schnellwüchsig und daher gut für die Erstbepflanzung sind auch die folgenden Arten: *Gymnocoronis spilanthoides*, der Falsche Wasserfreund; *Hydrocotyle leucocephala*, der Brasilianische Wasserefeu; *Egeria densa*, die Wasserpest; *Myriophyllum hippuroides*, das Dichtblättrige Tausendblatt, und *Shinnersia rivularis*, das Mexikanische Eichenblatt.
Nicht weniger empfehlenswert ist *Hygrophila corymbosa*, der Riesenwasserfreund, auch Kirschblatt genannt. Wegen der kompakten Wuchsform ist er allerdings nur für die größeren unter den Kleinaquarien zu empfehlen.

Perlkraut
Hemianthus micranthemoides

Sehr zartes Stängelpflänzchen aus Amerika, das sich ausgezeichnet für den Vordergrund eignet und dort dekorative Rasen bilden kann. Recht lichthungrig, im Hinblick auf die Wasserwerte aber nicht sehr anspruchsvoll. Wird auch als *Micranthemum* angeboten. Weit anspruchsvoller sind die größeren, ausgesprochen zartblättrigen Fluss-Mooskräuter *Mayaca fluviatilis* und die *Cabomba*-Arten. ❿

Japanisches Fadenkraut
Blyxa japonica

Wird trotz seines rosettenartigen Wuchses zu den Stängelpflanzen gezählt. Nicht so ganz einfach in der Haltung. Bei stärkeren Lichtbedingungen, nährstoffreichem Bodengrund und CO_2-Düngung auch längerfristig attraktiv. Mit Längen von 5 bis 12 cm für den Vorder- und Mittelgrund geeignet.

Wasserstern
Pogostemon helferi

Auch für den schönen Wasserstern gelten diese Angaben. Beim Einpflanzen der Wassersterne besonders darauf achten, dass Quetschungen vermieden werden. ⬇

Sumpfschraube, Vallisnerie
Vallisneria spiralis

Nur wenige Pflanzen sind so genügsam und vermehrungsfreudig wie diese. Sie ist die ideale Art für die Erstbepflanzung. Nach kurzer Eingewöhnungszeit bildet sie Bodenausläufer, die bald das ganze Becken besiedeln, wenn nicht immer wieder eingekürzt wird. Reagiert gut auf Bodendünger oder Lehmkügelchen.
Man pflanzt Vallisnerien vorzugsweise in Gruppen am Rand oder im Hintergrund des Aquariums. Die an der Oberfläche flutenden Blätter schlucken viel Licht, können aber eingekürzt werden. Die Temperatur kann zwischen 15 und 30 °C liegen. ⬇

Grundständige Pflanzen
Die hier vorgestellten Blütenpflanzen gehören zu den beliebtesten Aquarienpflanzen. Ihnen fehlt ein typischer Stängel, die Blätter scheinen alle direkt am Boden zu entspringen. Auch hier kann nur eine sehr kleine Auswahl vorgestellt werden.

Aquarienpflanzen

Schraubenvallisnerie
Vallisneria americana var. biwaensis
Die korkenzieherartig gedrehten Blätter der Schraubenvallisnerie bilden einen guten Kontrast zu den meisten anderen Pflanzen. In der Kultur gleicht sie *Vallisneria spiralis*, ist aber weniger wüchsig. ↓

Pfeilkraut
Sagittaria
Die nordamerikanischen Sagittarien ähneln äußerlich sehr den Vallisnerien. Es sind grasartige Unterwasserpflanzen, die ausgezeichnet für Kleinaquarien geeignet sind. Als Vordergrundpflanze sehr empfehlenswert ist *S. subulata*, das Zwerg-Pfeilkraut, das nahezu alle Wasserwerte akzeptiert, allerdings Bodendünger haben sollte. Es vermehrt sich willig durch Bodenausläufer. *Sagittaria platyphylla*, das Breitblättrige Pfeilkraut, ist eher für den Mittelgrund geeignet. ⇨↓

Wasserkelche
Cryptocoryne
Wasserkelche sind in Süd- und Südostasien beheimatet. Da sie dort vielfach in beschatteten Urwaldflüssen vorkommen, sind sie auch im Aquarium mit geringen Lichtmengen zufrieden. Obwohl zumeist Pflanzen des weichen, sauren Wassers, passen sie sich in der Kultur vielfach auch anderen Wasserbedingungen an.
Wer erfolgreich Cryptocorynen pflegen will, muss sie vor allem in Ruhe wachsen lassen. Nichts ist für sie schädlicher als wiederholtes Umpflanzen. Bei ungestörtem Wachstum bilden sie Bodenausläufer, über die sie mit der Zeit ganze Wälder bilden können. Sie sind nicht schnellwüchsig. Die Artbestimmung der Wasserkelche ist nicht immer leicht. Die sichere Bestimmung erfolgt nach dem Bau ihrer kelchartigen Blüten (Name). Da sich diese aber bei der im Aquarium üblichen submersen Haltung (unter Wasser) nicht bilden, sieht man Cryptocorynen nur ausnahmsweise blühen. Von Haus aus sind die meisten Wasserkelche Sumpfpflanzen. Sie reagieren wie alle Sumpfpflanzen gut auf Lehmkügelchen und CO_2-Düngung. Besonders pflegeleichte Arten für den Anfang sind *Cryptocoryne affinis*, *C. beckettii*, *C. usteriana*, *C.* x *willisii*, *C. walkeri* und *C. wendtii*.

Haertelscher Wasserkelch
Cryptocoryne affinis
Eine sehr häufig gehaltene und besonders anspruchslose Pflanze, die unter fast allen Bedingungen noch gut wächst. Ihre Blätter sind gelegentlich etwas genoppt und unterseits oft rötlich. Sie treibt willig Ausläufer. Hervorragend geeignet für Pflanzengruppen im Mittelgrund und an den Seiten des Aquariums. Zweifellos eine der empfehlenswertesten Arten, wenn man einen dauerhaften Pflanzenbesatz anstrebt. ↓

Sie ist auch mit wenig Licht und niedriger Temperatur zufrieden, aber gutes Licht und Temperaturen von 25 bis 30 °C und ein eisen- und kaliumhaltiger Bodendünger und CO_2-Düngung beschleunigen das Wachstum deutlich. ↓
Für die noch kleinere *C. parva* gilt entsprechendes.

Speerblatt
Anubias
Die *Anubias*-Arten stammen aus Afrika und ähneln im Aussehen und in der Haltung den ihnen verwandten Cryptocorynen – allerdings sind sie weniger anpassungsfähig an submerse Bedingungen und wachsen nur langsam. Schattenverträglich, aber nur für gut eingefahrene Becken geeignet! Den Wurzelstock nicht eingraben, sondern aufbinden. Im Boden könnte er faulen. Am empfehlenswertesten ist die Kleinste unter den *Anubias*-Arten: *A. nana*, das in Westafrika beheimatete Zwergspeerblatt. Besonders ausdauernd, wenn der Wurzelstock im oberen Aquarienbereich an Wurzelholz oder Steinen befestigt wird.
→ ↑

Zwergwasserkelch
Cryptocoryne x willisii
Ideal für die Vordergrundbegrünung. Bis aus einigen Pflanzen aber ein ganzer Zwergwasserkelchrasen entsteht, können Jahre vergehen! Besser gleich ausreichend viele pflanzen!

Aquarienpflanzen

Grasartige Schwertpflanze
Echinodorus tenellus

Eine beliebte Kleinpflanze für den Vordergrund. Bei guter Beleuchtung bildet sie bald Bodenausläufer und begrünt dann rasenartig größere Flächen. Die Pflänzchen werden üblicherweise nicht größer als 5 cm.

Etwas größer wird *Echinodorus quadricostatus*, die Zwergschwertpflanze. Sie ist ganz ähnlich zu halten. Lichtschluckende Schwimmpflanzen müssen von diesen *Echinodorus* ferngehalten werden. ↓

Schwertpflanze, Amazonaspflanze
Echinodorus

Sie stammen alle aus Amerika, vorzugsweise aus Südamerika. In erster Linie leben Amazonaspflanzen dort emers, also als Sumpfgewächse außerhalb des Wassers. Auch wenn sie nur zum Teil aus dem Amazonasgebiet stammen, werden sie alle als Amazonaspflanzen bezeichnet. Im Aussehen und in den Pflegeansprüchen gibt es von Art zu Art beträchtliche Unterschiede. Sprechen gut auf Bodendünger oder die alternativen Tonkügelchen an. ↓

↑ *Amazonaspflanzen am natürlichen Standort in Peru*

Aquarienschnecken

Mit etwa 43.000 Arten sind die Schnecken nicht nur die artenreichste Tierklasse der Weichtiere, sie gehören auch zu den artenreichsten Klassen überhaupt. Einige Autoren gehen sogar von etwa 100.000 Schneckenarten aus! Zum Vergleich: Derzeit werden 30.300 Fischarten gezählt.
Im Aquarium sind Schnecken seit Beginn der Aquaristik ein Thema. Allerdings wurde dabei früher fast nur über Nutzen, Schaden und eventuelle Bekämpfung der Schnecken diskutiert. Seit einigen Jahren werden jedoch Schnecken mit bizarren und wunderbar gefärbten Gehäusen eingeführt und viele Aquarianer sind mittlerweile begeisterte Schnecken-Liebhaber.

Die Pflege

Viele Gemeinsamkeiten haben die Wasserschnecken nicht, aber ein paar Grundregeln sollte jeder Schneckenfreund beachten. Grundsätzlich sind die meisten Schnecken relativ tolerant im Hinblick auf die Wasserwerte. In zu welchem Wasser haben sie jedoch oft Probleme, genügend Kalk für den Aufbau ihres Gehäuses zu bekommen. Schneckenhäuser bestehen in erster Linie aus Kalk!

Tylomelania sp. 'Yellow' (Beschreibung S. 61)

Ein Aquarium mit Schnecken sollte peinlichst genau abgedeckt sein. Sehr viele Arten lieben es, das Wasser kurzzeitig – häufig nachts – zu verlassen. Da sie meistens nicht mehr zurückfinden, ist damit ihr Schicksal besiegelt.
Die Nahrungsbedürfnisse der Schnecken sind sehr unterschiedlich. Die meisten sind aber dankbar für abgebrühte Salatblätter und gekochtes Gemüse. Hier sollte man ausprobieren. Aber: Es gibt auch räuberische Schnecken und ausgesprochene Liebhaber von Aquarienpflanzen! Fische werden von ihnen in Ruhe gelassen. Umgekehrt gibt es aber unter den Fischen einige Arten, die sich an Schnecken vergreifen: Kugelfische und viele Schmerlen. Auch Großkrebse gehen an Schnecken!
Vorsicht! Fischmedikamente wurden darauf getestet, dass sie den Patienten, also den Fischen, helfen und ihnen nicht schaden. In den meisten Fällen schädigen diese Medikamente jedoch Schnecken und andere Wirbellose.
Beim Einbringen neuer Aquarienpflanzen, speziell wenn sie submers (unter Wasser) gezüchtet wurden (gilt für viele Stängelpflanzen), ist Vorsicht nötig. Vielfach werden diese Pflanzen in der Gärtnerei mit Pflanzenschutzmitteln gegen Schneckenfraß behandelt! Dann müssen sie mindestens eine Woche, besser zwei Wochen gewässert werden.

Nützliche und schädliche Schnecken

Nicht selten werden mit neuen Pflanzen oder mit Lebendfutter Schnecken eingeschleppt. Meist ist das kein Problem. Gelegentlich vermehren sie sich jedoch so stark, dass man etwas dagegen unternehmen muss, besonders dann, wenn die eingeschleppten Tiere sich über unsere Wasserpflanzen hermachen.

Schnecken

Spitzschlammschnecke
Lymnaea stagnalis
Spitzschlammschnecken sind in unseren Tümpeln beheimatet und werden leicht mal ins Aquarium eingeschleppt. Das kann ein Problem werden, denn manchmal gehen einige an zarte Aquarienpflanzen! Es gibt aber Garnelenfreunde, die auf einzelne Spitzschlammschnecken nicht verzichten wollen. Sie fressen nämlich gern die Süßwasserpolypen *Hydra*, die Fisch- und Garnelenbabys nachstellen! Wir erkennen diese Schnecken leicht an ihrem einfarbigen, großen, spitz zulaufenden Gehäuse und den keilförmig zugespitzten Fühlern. Spitzschlammschnecken werden bis zu 6 cm groß. Die in Gartenteichen häufigen Tiere sind auch ein ausgezeichnetes Futter für Raubschnecken! ↻

Malaiischen Turmdeckelschnecken werden auch kaum länger als 1 cm. Sie leben tagsüber im Bodengrund des Aquariums und sind als Resteverzehrer und gleichzeitige Bodenwühler nützlich. Sie halten den Boden locker, ohne die Pflanzen zu schädigen. Daher bezeichnet man sie gelegentlich auch als die Regenwürmer eines Aquariums! Sie bewähren sich in jedem Bodengrund. Speziell in feinem Sandboden sind ihre Dienste besonders wichtig. Die lebendgebärenden Tiere können sich gelegentlich sehr stark vermehren, werden aber selbst dann nicht schädlich. Wenn sie auch bei Licht den Boden verlassen, so ist dies ein Zeichen dafür, dass der Boden stark verschmutzt und erneuerungsbedürftig ist. ↻

Malaiische Turmdeckelschnecke
Melanoides tuberculata
Auch diese Schnecke hat ein spitz zulaufendes Gehäuse, das jedoch viel schlanker ist als das der Spitzschlammschnecke.

Posthornschnecke
Planorbarius corneus
Die posthornartig aufgerollten, rötlich oder schwärzlich gefärbten Posthornschnecken gehören zu den häufigsten Schnecken im Aquarium. Ihre Rolle als Algenvertilger wird jedoch meist überschätzt, auf der

anderen Seite sind die Posthornschnecken jedoch auch nicht gefährlich für die Aquarienbepflanzung – nur bei Massenvermehrung können sie lästig werden.

Beliebt sind die roten Posthornschnecken. Es sind eigentlich albinotische Tiere, denen die dunklen Farbpigmente fehlen. Der rot durchschimmernde Blutfarbstoff Hämoglobin (eine Besonderheit bei Schnecken) verursacht die attraktive Färbung. ◐

Raubschnecke
Anentome helena
Wie der Name andeutet, ist diese Schneckenart ein Räuber – sie frisst andere Schnecken! Sie nimmt auch Trockenfutter, allerdings nur ungern. Die attraktiv schwarz-weiß geringelte Schnecke mit dem konischen Gehäuse und dem rüsselartigen Sipho leistet gute Dienste, wenn andere Schnecken überhand nehmen. ◐

Leider stellen die Raubschnecken auch unseren nützlichen Bodenwühlern, den Turmdeckelschnecken nach. Zwerggarnelen werden dagegen toleriert.

Zierschnecken
Auch die oben angesprochenen Posthornschnecken und die Raubschnecken könnten ohne weiteres als Zierschnecken bezeichnet werden. Die hier vorgestellten werden häufiger angeboten, und ständig werden neue Arten importiert.

Apfelschnecke
Pomacea bridgesii
Die bis zu 10 cm groß werdende, tropische Apfelschnecke ist ein schon lange bekannter Aquarienbewohner. Für die Kleinen unter den Kleinaquarien wird sie allerdings zu groß! Es gibt sie in mehreren Farbvarianten. Neben der abgebildeten Naturform sind gelbe und orangefarbene Formen beliebt.

Die Eier werden außerhalb des Wassers in großen Laichpaketen abgelegt – oft an der Deckscheibe des Aquariums. Auch Apfelschnecken fressen Algen; sie brauchen daneben aber auch Fischfutter, um gut wachsen und sich fortpflanzen zu können. Neben der *P. bridgesii* gibt es weitere Arten. Zum Verwechseln ähnlich ist *P. canaliculata*. Man erkennt sie leider meistens erst, wenn sie mit bestem Appetit über die Aquarienpflanzen herfällt. Die *bridgesii* dagegen geht nur an bereits abgestorbene Pflanzenteile. ◐

Schnecken

Zebra-Rennschnecke
Vittina turrita

Eine meist gelb-schwarz gemusterte Schnecke, in der Zeichnung außerordentlich variabel. Sie wird etwa 2,5 cm groß und bewegt sich – trotz ihres Namens – im typischen Schneckentempo voran. Verzehrt gern Algen, geht aber auch an Zusatzfutter. Harmoniert mit Pflanzen und allen anderen Aquarienbewohnern. Hält sich gern in Gegenwart von Artgenossen auf. Die Vermehrung ist im Süßwasseraquarium nicht möglich, da die schwimmenden Larven sich nur im Brackwasser der Flussmündungen entwickeln. Sie kriechen („rennen", daher der Name) anschließend die Flüsse hoch und gelangen so wieder in Süßwasserbereiche.

Wird oft mit der ähnlichen Rennschnecke *V. coromandeliana* verwechselt, die aber kaum (nie?) importiert wird. Unsere *Vittina turrita* werden regelmäßig aus Java eingeführt.

Auswüchse an der Schale und kommen in fast allen denkbaren Farben und Mustern vor. Wasserverunreinigungen tolerieren sie nicht; daher ist regelmäßiger Teilwasserwechsel angesagt.

Es gibt weltweit über 31 verschiedene Arten, selbst in der Türkei und auf Neuseeland werden sie gefunden. Im Hinblick auf ihre marinen Larvenstadien halten sie sich immer in Meeresnähe auf.

Geweihschnecke
Clithon spec.

Die Angaben zur Haltung der Zebra-Rennschnecken gelten entsprechend für die verwandten *Clithon*-Arten, die Geweihschnecken. Sie haben antennenartige

Tylomelania

Diese attraktiven Schnecken aus Sulawesi sind etwas anspruchsvoll. Sie brauchen weiches Wasser zwischen 27 und 29 °C. Sie erinnern an Turmdeckelschnecken, werden aber weitaus größer (bis zu 12 cm) und graben nicht. Nur für größere Kleinaquarien und am besten keine Fische! (Abb. S. 58)

Tiere und Pflanzen

Garnelen und Krebse

Die zehnfüßigen Krebse (Dekapoden), ganz speziell die kleineren unter ihnen, die Garnelen, sind in den letzten Jahren unter den Aquarianern ausgesprochen populär geworden. Kein Wunder, denn Garnelen sind harmlos und pflanzenfreundlich, fischverträglich und darüber hinaus sind viele von ihnen auch noch leicht zu vermehren und sehr farbenprächtig. Es ist verwunderlich, dass die Aquaristik erst so spät die Garnelen zu schätzen gelernt hat. Ich will gern gestehen, dass ich auf meinen früheren Reisen, wenn ich in den Tropen nach Fischen gesucht habe, als erstes die Garnelen aussortiert und wieder ins Wasser zurückgeworfen habe. Das hat sich inzwischen gründlich geändert!

Hier ist nicht der Ort, sich intensiver mit der Biologie und der Systematik der Krebstiere auseinanderzusetzen. Hier nur das Allerwichtigste, so weit es für die Pflege dieser Wirbellosen von Bedeutung ist. Krebstiere sind grundlegend anders aufgebaut als Fische; auch ihre Physiologie unterscheidet sich weitgehend. Das bedeutet, dass Krebse auf Fischmedikamente vielfach sehr empfindlich reagieren. Vorsicht also, wenn Fischkrankheiten in einem Gemeinschaftsbecken mit Wirbellosen kuriert werden sollen!

Immer wieder hört man auch, dass Krebse, speziell Zwerggarnelen, empfindlich auf Pflanzendünger reagieren. Wer auf Nummer Sicher gehen will, verwendet in einem Garnelenaquarium keinen Pflanzendünger. Die Lehmkugelmethode dagegen ist ohne Risiko.

Auch bei neu gekauften Aquarienpflanzen kann es, wie bei den Schnecken auch, Probleme geben, speziell bei Stängelpflanzen. Doch auch bei Wasserkelchen und bei *Anubias* drohen Gefahren, wenn die Wurzelstöcke verletzt werden. An den Schnittstellen können Säfte austreten, die die empfindlichen Zwerggarnelen schädigen.

Im Gegensatz zu Fischen und den anderen Wirbeltieren haben Krebse ein Außenskelett. Wenn Krebse wachsen, müssen sie im wahrsten Sinne des Wortes aus der Haut fahren. Nach der Häutung dehnt sich ihr Körper sichtbar. Es braucht Stunden oder sogar Tage, bis sich das neue Außenskelett erhärtet hat. In dieser Zeit sind die Krebse gegen viele Fressfeinde ungeschützt und entsprechend vorsichtig. Sie brauchen speziell jetzt Höhlen oder andere Verstecke, in die sie sich zurückziehen können.

Die Häutung verläuft oft nicht reibungslos. Regelmäßiger Wasserwechsel begünstigt die Häutungsvorgänge. Denn im Gegensatz zu den meisten Fischen sind Krebse auch gegen hohe Nitratwerte ausgesprochen empfindlich!

Die leeren Außenskelette der Garnelen und Krebse, die Exuvien, findet man immer wieder mal im Aquarium. Anfänger denken dann zumeist, sie hätten eine Krebsleiche vor sich. Keine Sorge, wenn bei der Häutung mal ein Bein oder gar eine Schere verloren geht! Das fehlende Glied wird vom Organismus ersetzt und nach wenigen weiteren Häutungen ist der Schaden wieder behoben.

KÖRPERBAU

Grundsätzlich unterscheidet man die Garnelen (Natantia, die Schwimmenden) und die Panzerkrebse (Reptantia, die Kriechenden). Die zumeist kleineren Garnelen sind relativ hoch gebaut, ihr Körper erscheint wie seitlich zusammengedrückt. Die Panzerkrebse sind dagegen eher flach. Ihren Namen haben die Panzerkrebse von dem mit Kalkeinlagerungen verfestigten Außenskelett. Garnelen sind dagegen oft durchsichtig, ihr Außenskelett aus Chitin ist kaum mineralisiert. Daher sind viele von ihnen exzellente Schwimmer.

Garnelen und Krebse

⬆ *Exuvie, der Häutungsrest einer Weißperlen-Garnele*

Garnelen

Da die großen Fächergarnelen nur für Aquarien ab 60 Liter Inhalt geeignet sind, sollen hier nur die beliebten Süßwasser-Zwerggarnelen vorgestellt werden. Sie sind die Stars der Miniaquarien! Bekannt wurden sie vor allem als Besatz kleiner japanischer „Naturaquarien". Ihre optimale Unterbringung sieht allerdings anders aus. Sie lieben totes Laub als Bodenbedeckung, auch etwas Mulm und auf keinen Fall ständige „korrigierende" Eingriffe in ihrem Lebensraum. Auch werden ihre Platzansprüche meistens unterschätzt. Selbst wenn einige besonders anspruchslose Arten bereits in einem Wasservolumen von 12 Litern gehalten und sogar gezüchtet werden können (Weißperlengarnele, Red Cherry Garnele) – mindestens 20 Liter sollte man auch seinen Zwerggarnelen gönnen. Hobbyzüchter gehen besser auf 50 Liter! Im Garnelen-Aquarium geht es nicht ohne regelmäßigen Wasserwechsel. Am besten wechselt man wöchentlich ein Drittel bis die Hälfte des Wassers aus. Sehr ambitionierte Züchter machen diesen Teilwasserwechsel sogar alle drei Tage.

⬆ *Anspruchlos und empfehlenswert – die Weißperlen-Garnele*

Tiere und Pflanzen

WER MIT WEM

Alle Zwerggarnelen sind mit kleinen Friedfischen (keine Buntbarsche, keine Labyrinthfische, keine Killifische) gut zu vergesellschaften. Wer allerdings auf Nachwuchs Wert legt, wird in der Regel auf die Kombination Zwerggarnele – Kleinfische verzichten müssen. Als Ausnahme kann das mit Saugwelsen funktionieren. Lebendgebärende Zahnkarpfen kriegen ihren Nachwuchs groß und die kleinen *Boraras*-Arten lassen einige Zwerggarnelen groß werden. Aber in der Regel gilt: die Garnelen machen sich über den Fischlaich her und die Fische über die kleinen Garnelen!

Redfire-Zwerggarnele, Red Cherry Garnele
Neocaridina denticulaa sinensis var. 'Red'
Eine der beliebtesten Arten. Weibchen werden bis zu 45 mm groß, die Männchen bleiben deutlich kleiner. Bei passender Unterbringung (siehe oben) sehr leicht zu vermehren; wird daher gelegentlich auch Guppygarnele genannt. Neben der „klassischen" roten Form gibt es eine Vielzahl weiterer Farbvarianten. Die Tiere stammen ursprünglich aus Ostasien, wo sie in vielen Kleingewässern sehr häufig sind. Ihrer subtropischen Herkunft gemäß brauchen sie keine Heizung.

↑ Weißperlengarnelen und Boraras sind gut zu vergesellschaften.

Weißperlen-Garnele
Neocaridina cf. zhangjiajiensis var. 'White Pearl'
Sehr anspruchslose Art, die weißlich, gelegentlich auch fast durchsichtig ist. Der Name „Weißperlengarnele" stammt von den Eiern der tragenden Weibchen, die wie weiße Perlen schimmern.
Sehr leicht zu züchten. Kann auch im 20-Liter Aquarium in Gegenwart von Zwergbärblingen *Boraras* vermehrt werden. Optimale Temperatur 18 bis ca. 25 °C, also Zimmertemperatur, ein Heizstab ist nicht nötig. Bei Temperaturen über 25 ° C stellen sie die Vermehrung ein!

Ich kann hier nur eine kleine Auswahl an Formen vorstellen, die schönsten bzw. die besonders empfehlenswerten. Allein die Gattung *Caridina* zählt derzeit 254 Arten! Ein Wort zu den Namen: Gerade bei den Garnelen ist die Benennung nicht einheitlich und oft wechselt sie auch. Das gilt sowohl für die Trivialbezeichnung, bei der oft die englische Sprache benutzt wird, als auch für die wissenschaftlichen Namen.

Garnelen und Krebse

Rote Bienengarnele
Caridina cf. cantonensis var. 'Red Bee'
Die rot-weiß gebänderten „Roten Bienen" sind die Königinnen unter den Zwerggarnelen. Es sind Ausleseprodukte japanischer Züchter. Ursprungsform ist die im südchinesischen Raum weit verbreitete schwarz-weiß geringelte Bienengarnele. Für besonders gut gefärbte Zuchttiere werden extrem hohe Preise verlangt. Die Pflege ist nicht immer einfach, denn die Bienengarnelen reagieren empfindlich auf sich verändernde Bedingungen (Temperatur, Wasserchemismus). Vorsicht vor Überfütterung (Nitratwerte!). Temperatur 21 bis 25 °C.

Rote Nashorngarnele
Caridina gracilirostris
Bis zu 50 mm groß werdende Garnele mit bizarr verlängertem Rostrum aus dem tropischen Indien. Braucht daher Temperaturen zwischen 26 und 29 °C. Kann im Süßwasser-Aquarium nicht ohne besondere Vorkehrungen vermehrt werden, da die Larven ein marines Stadium durchlaufen müssen. Trotzdem ist die Zucht schon mehrfach gelungen, wenn man tragende Weibchen isoliert und direkt nach dem Schlupf der Larven das Wasser langsam aufsalzt. Das Weibchen wird nach dem Larvenabgabe natürlich wieder in sein ursprüngliches Aquarium zurückgesetzt. Entsprechendes gilt auch für die Amano-Garnele *Caridina multidentata*. Dieser Ostasiat wird allerdings bis zu 70 mm groß und ist auch mit niedrigeren Temperaturen zufrieden.

Tigergarnele
Caridina cf. cantonensis var. 'Tiger'
Mit ringelartiger schwarzer, manchmal auch roter Streifung, die beliebten Zuchtformen sind oft mit blauer oder „blonder" Grundfärbung. Weibchen können bis zu 40 mm groß werden, Männchen bleiben kleiner. Das ursprüngliche Herkunftsgebiet der Stammform ist Festland-China. Empfindlich gegen Wasserverschlechterung! Temperatur um 24 °C.

Grüne Zwerggarnele
Caridina babaulti

Die schlanken, recht schwimmfreudigen Tiere stammen aus Südasien, speziell aus Indien. Sie leben dort in stark verkrauteten Gewässern und sind wegen ihrer Färbung ausgezeichnet getarnt. Einige Tiere können ihr Farbkleid innerhalb weniger Minuten verändern. Offensichtlich werden unter dem Begriff „Grüne Zwerggarnele" mehrere nah verwandte Arten gehandelt.

Auch im Aquarium brauchen die Grünen Zwerggarnelen ausreichend Wasserpflanzen, und auch hier muss man oft eine Zeitlang suchen, um sie zu sehen. Unproblematische Art, auch in der Fortpflanzung. Die Jungtiere halten sich gern in schwimmendem Teichlebermoos (*Riccia fluitans*) auf. Bevorzugte Temperatur: 22–26 °C.

Panzerkrebse

Oranger Zwergkrebs
Cambarellus patzcuarensis 'Orange'

Eins vorweg – die nur maximal 4 cm Länge erreichenden Zwergkrebse sollte jeder Aquarianer mal gehalten und gezüchtet haben. Wer diese putzigen Tiere einmal erlebt hat, wird sie nicht mehr missen wollen. *Cambarellus patzcuarensis* 'Orange' (CPO sagen die Fans dazu) kommt in Freiheit nicht vor. Seine Stammform ist graubraun gefärbt und lebt ausschließlich im Lago de Pátzcuaro in Mexiko.

CPO hat viele Vorzüge: Neben seiner putzigen Art ist er ein pflanzenfreundliches Tier, das auch in einem schön bepflanzten Aquarium mit friedlichen Fischen zu halten ist – gewissermaßen nebenher, denn er hat keine besonderen Ansprüche an das Wasser oder an das Futter. Er braucht allerdings, mehr als die meisten Fische, einen regelmäßigen Teilwasserwechsel, denn er ist wie alle Krebse nicht nur gegen Nitrit, sondern auch gegen zu hohe Nitratwerte empfindlich. Und natürlich braucht CPO ausreichend Höhlen, speziell für sich häutende Krebse und für die tragenden Weibchen. Letztere benötigen einseitig verschlossene Bambus- oder Tonröhren, die einen Innendurchmesser von 10 bis 15 mm haben und mindestens 5 cm lang sein sollten.

Keine Frage, mehr hat man von den Zwergkrebsen, wenn man sie in einem Artaquarium hält und sie auch züchtet. Dafür reicht bereits ein 20-Liter-Aquarium, größer kann natürlich nicht schaden! Es sollte gut mit zahlreichen Höhlen, möglichst auch einer grobsteinigen Bodenbedeckung (wie das Foto rechts zeigt), eingerichtet sein. Ausreichend Buchen- oder Eichenlaub sollte nicht fehlen. Eine kleine Mulmecke wird sich von selbst einstellen. Ein kleiner Schaumstoffpatronen

Garnelen und Krebse

Filter wäre nicht schlecht, eine Heizung ist unnötig, regelmäßiger Teilwasserwechsel Ehrensache! Temperaturen von 15 bis maximal 22 °C sind anzustreben. Dann wird man viel Freude an seinen Zwergkrebsen mit ihrem Nachwuchs haben.

Es gibt eine Reihe anderer Zwergkrebse der Gattung *Cambarellus*, die meisten stammen aus dem Süden der USA. Sie haben nicht die leuchtenden Farben des CPO, sind zum Teil aber noch deutlich friedfertiger. Man kann versuchen, sie auch mit Zwerggarnelen zu vergesellschaften, aber in vielen Fällen klappt diese Kombination nicht!

Kleine Krabben werden hier bewusst nicht vorgestellt. Die neuerdings eingeführten *Geosesarma*-Arten sind zwar hochinteressant, aber die meisten sind überwiegend oder sogar ausschließlich auf dem Land aktiv – also eher eine Angelegenheit für den Terrarienfreund.

Fische

Es gibt eine Vielzahl von Mini-Fischen. Aber nicht alles, was klein bleibt, ist auf Dauer für ein Miniaquarium geeignet – ich denke hier zum Beispiel an die extrem lebhaften Glühlicht-Bärblinge *Danio choprae*. Andererseits gibt es aber immer noch mehr als genug ausgezeichnet geeignete Arten für Kleinaquarien. An dieser Stelle kann nur eine Auswahl vorgestellt werden.

> **PLATZ MUSS SEIN!**
>
> Ich kann mir gut vorstellen, dass man kurzzeitig als Zuchtansatz oder auch in einer Aquarienausstellung Fische in einem 10-Liter-Aquarium halten kann – als Fotobecken ohnehin. Ich denke da an wenige Guppys, *Elassoma*, *Dario*, Kap Lopez oder an *Boraras*. Zur Dauerhaltung von Fischen reichen 10 oder 12 Liter Wasser aber nicht aus!

Der Vorteil der Kleinaquarien liegt vor allem in der Möglichkeit, empfindliche Zwergfische zu halten, die in einem großen Aquarium spurlos untertauchen könnten. Auch kann man hier gezielt füttern und – wenn es Tiere mit besonderen Wasseransprüchen sind – ihnen diese manchmal schwierig zu erfüllenden Bedürfnisse leichter befriedigen.

Alle Angaben beziehen sich – soweit nicht anders angegeben – auf Aquarien von mindestens 20 Liter Volumen vom klassischen Zuschnitt, die gut bepflanzt und durch Steine, Wurzeln und gegebenenfalls Höhlen gut strukturiert sind.

Grundsätzlich aber gilt für das Wohl der Fische: Ein Aquarium mit nur einer Fischart ist besser als ein Gesellschaftsaquarium mit mehreren Arten, und ein größeres Becken ist in den meisten Fällen vorzuziehen!

Karpfenfische

Die in Frage kommenden Karpfenfische (Cyprinidae) sollten als typische Schwarmfische immer zu mehreren gehalten werden. Alle sind harmlos und können gemeinsam mit Schnecken und kleinen Krebsen gehalten werden, aber auch kleine Darios, südamerikanische Saugwelse oder kleine Zahnkarpfen eignen sich als Gesellschafter.

Die kleinen *Boraras*-Arten werden regelmäßig angeboten. Der **Zwergbärbling**, *Boraras maculatus*, ist ein bewegungsfreudiges Tier, das wegen seiner Anspruchslosigkeit als Schwarm von 5 oder 6 Tieren sehr zu empfehlen ist. Alle aber im kleinen Schwarm; man kann auch zwei *Boraras*-Schwärme mischen. Ein oder zwei kleine Schwärme *Boraras* kann man guten Gewissens auch in einem 20-Liter-Aquarium halten.

Die aparten **Querstreifen-Zwergbärblinge**, *Microrasbora erythromicron*, aus dem Bereich des Inle-Sees in Myanmar (Burma) errei-

◐ *Zwergbärbling*

chen gerade 2 cm Länge, sind ruhig und friedlich, brauchen aber dichte Bepflanzung. Dann reicht auch schon ein 20-Liter Aquarium. An die Wasserwerte stellen sie keine besonderen Ansprüche. Als Dauerlaicher sind sie gut zu vermehren – wenn keine Garnelen das Becken teilen.

Erst 2006 in Myanmar entdeckt und gleich ein Senkrechtstarter bei den Aquarienfreunden ist der **Perlhuhnbärbling** (**Galaxy**-**Zwergbärbling**, *Danio margaritatus*, Foto S. 49). Kein Wunder, wenn man die prachtvolle Färbung der nur 2 cm groß werdenden Fischchen betrachtet. Die kleine *Danio*-Art wurde bis vor kurzem als *Celestichthys* bezeichnet. Die lebhaften Tiere können schon in einem gut bepflanzten 20-Liter-Aquarium gezüchtet werden, die Wasser- und Futteransprüche sind erfreulich gering.

Auch aus Afrika kommen sehr klein bleibende, schön gefärbte Karpfenfische. Die lebhafte, etwa 3 cm lange **Rote Kamerun-Zwergbarbe**, *Barbus jae*, lebt in kleinen, sauberen Urwaldbächen Zentralafrikas. Daher benötigt sie weiches, leicht saures Wasser. Auch sie ist in einem kleinen Schwarm zu halten, am besten 6 bis 8 Tiere. Zur Vergesellschaftung eignen sich gut kleine Killies wie der **Kap Lopez** (*Aphyosemion australe*). Ernährung: feines Frost- und Lebendfutter. Entsprechendes gilt für die **Schmetterlingsbarbe**, *Barbus hulstaerti*.

Salmler

Es gibt eine ganze Reihe Salmler (Characidae), die sich für kleine Aquarien eignen. Ich werde hier nur die Arten vorstellen, die ich für besonders geeignet halte. Mit Garnelen ergeben sich in der Haltung in der Regel keine Probleme, eine Garantie gibt es aber nicht!

Der **Zwergziersalmler**, *Nannostomus marginatus*, wird gerade mal 3,5 cm lang. Die schlanken Fische mit dem markanten schwarzen Längsstreifen sind immer lebhaft und anderen Fischen gegenüber harmlos. Sie bevorzugen weiches, leicht saures Wasser, sind aber nach Eingewöhnung auch mit mittleren Wasserwerten zufrieden. Man kann sie gut mit anderen Kleinsalmlern zusammen halten, auch mit kleinen Saug- oder Panzerwelsen. Für einen kleinen Schwarm reicht eine Beckengröße von 30 Litern. Einige Fische sind vor allem auf Grund ihrer geringen

Zwergziersalmler

Größe und ihrer damit verbundenen Vorsichtigkeit in einem Kleinaquarium besser aufgehoben als in einem größeren Gesellschaftsbecken mit unruhigen Mitbewohnern. Das gilt zum Beispiel für den **Feuertetra**, *Hyphessobrycon amandae*. Die orangefarbenen Fischchen aus dem brasilianischen Mato Grosso bleiben 2 bis 3 cm klein. Sie sind aber nicht ganz anspruchslos und sollten in nicht zu hartem, leicht saurem Wasser gepflegt werden.

Dasselbe gilt für die munteren **Pfeffersalmler**, *Axelrodia risei* und *A. stigmatias*. Sie werden nicht größer als die Feuertetra und haben vergleichbare Ansprüche. Mit ruhigen Neonsalmlern und kleinen Panzerwelsen kann man sie aber ausgezeichnet halten.

Wer es weniger kompliziert möchte, findet aber auch robustere Kleinsalmler: Da ist an erster Stelle der **Rote von Rio** (*Hyphessobrycon flammeus*) zu nennen, ein Fisch, der keinerlei extreme Ansprüche stellt, weder an die Wasserwerte, noch an die Temperatur oder das Futter. Kaum weniger empfehlenswert sind der **Schwarze Phantomsalmler** (*Hyphessobrycon megalopterus*), der **Schwarze Neon** (*Hyphessobrycon herbertaxelrodi*) und natürlich der beliebte, immer noch überwältigend gefärbte **Neonsalmler** (*Paracheirodon innesi*). Sie alle sollten jeweils in kleinen Schwärmen gehalten werden, ein 40-Liter-Aquarium würde passen. Zur Vergesellschaftung wieder kleine Saug- oder Panzerwelse.

Feuertetra

Roter von Rio

Schwarzer Neon, Flaggensalmler

Schwarzer Phantomsalmler

Neonsalmler

Fische

Labyrinthfische

Die Labyrinthfische (Anabantidae) bilden zur Laichzeit Territorien, und dann können einige von ihnen recht aggressiv sein. Daher eignen sich nicht alle für Minibecken, selbst wenn sie das Attribut „Zwerg" tragen: Ich denke hier an den Zwergfadenfisch *Colisa lalia.* Aber es gibt auch ausgesprochen geeignete Labyrinther für das Miniaquarium. Aber Vorsicht: Sie sind Garnelenfresser, selbst die kleinen *Trichopsis pumila.*

⬆ *Roter Spitzschwanzmakropode, P. dayi*

Für alle Labyrinthfische gilt: Sie brauchen dicht bepflanzte, strukturierte Aquarien mit genügend Rückzugsmöglichkeiten, auch im Bereich der Wasseroberfläche. Gut eignet sich hierfür Schwimmender Hornfarn, *Ceratopteris pteridoides.* Viele Arten bevorzugen auch schwimmende *Riccia*-Polster, in denen sie Zuflucht suchen können. Wassertemperatur 24 bis 28 °C, nur ein sehr schwacher Filter, zur Zucht am besten gar keiner!

Spitzschwanzmakropoden (*Pseudosphromenus cupanus* und *P. dayi* – nicht zu verwechseln mit *Macropodus*-Arten, den großen Paradiesfischen) bauen ihre Schaumnester auch gern in Bodennähe. Sie bevorzugen dafür Unterstände unter Wurzeln oder Kokosnusshöhlen. Die friedlichen Fische können paarweise bereits in passend eingerichteten 20-Liter-Aquarien gehalten werden. Zur Vergesellschaftung, dann in etwas größeren Aquarien, eignen sich *Colisa chuna*, aber auch *Boraras*.

⬇ *Schwarzer Spitzschwanzmakropode, P. cupanus*

Die **Honigfadenfische,** *Colisa chuna,* findet man regelmäßig im Zoofachhandel. Sie sind die einzigen Fadenfische, die ich guten Gewissens für ein Kleinaquarium vorschlagen kann, bestenfalls eignet sich noch der Dicklippige Fadenfisch, *Colisa labiosa,* für gut strukturierte Aquarien ab 40 Liter. Bei den Honigfadenfischen wählt man wenn möglich Fische aus, die nicht aus Züchtereien stammen, die auf große Tiere gezüchtet haben. Das ist eine Unsitte, die bei den Lebendgebärenden Zahnkarpfen begonnen hat, sich aber nun auch bei den Fadenfischen zeigt. Die kleinen Naturformen sind die geeignetsten für unsere Zwecke. Meiden wir auch die Goldformen.

Am besten versucht man für ein 30-Liter-Aquarium 2 Männchen und 3 Weibchen zu bekommen. Die Weibchen sind meist etwas größer, aber sicher wird man das erst an der Färbung der Männchen sehen (dunkle Kehle, rotbrauner Körper). Leider zeigt sich das meist erst im eigenen Aquarium nach Stunden oder Tagen, nicht schon im Händlerbecken. Gute Partner bei mittleren Wasserwerten: *Cambarellus*, Spitzschwanzmakropoden, *Boraras*. Wer weicheres Wasser zur Verfügung hat, kann auch Keilfleckbarben nehmen.

Auch Kampffische (*Betta*-Arten) sind ideale Fische für ein Miniaquarium. Der altbekannte **Schleierkampffisch,** *Betta splendens*, ist in jeder Hinsicht pflegeleicht. Als Dauerbesatz wäre er aber erst für ein 40-Liter-Aquarium zu empfehlen. Und das sollte wirklich so wie auf S. 71 oben beschrieben eingerichtet sein! Dauerhafte Probleme könnten sich im Regelfall dann nur mit dem Weibchen ergeben, denn das braucht wirklich einen sicheren (und gegen das Männchen sichtgeschützten) Zufluchtsplatz weit entfernt vom Nest des Männchens im Bereich der Wasseroberfläche. Selbst brutpflegende Kampffisch-Männchen sind meist wenig aggressiv gegen andere Fische, wenn die nur die direkte Nestnähe respektieren. Guppys haben damit aber erfahrungsgemäß Probleme!

Besser als *Betta splendens* eignen sich andere Kampffisch-Arten für Miniaquarien. Sie haben nur den Nachteil, dass sie in der Regel sehr schwierig zu bekommen sind. Relativ einfach zu halten sind **Smaragdkampffische,** *Betta smaragdina* und *Betta imbellis*, die kleinen Kampffische. Hier könnte man auch zwei Paare in einem 40-Liter-Aquarium unterbringen.

Die folgenden Arten sind weit schwieriger in Haltung und Zucht, denn es sind typische Weichwasserfische: die Schaumnestbauer *Betta coccina*, *B. tussyae* und *B. persephone*. Sie werden noch nicht einmal 5 cm lang. Am besten hält man sie paarweise in einem 20-Liter Aquarium ohne weitere Beifische. Weiches und leicht saures Wasser sowie Lebendfutter! Dazu ein dichtes *Riccia*-Polster, damit auch die Jungtiere gut groß werden!

⬆ *Honigfadenfisch*

⬆ *Schleierkampffisch*

⬆ *Dicklippiger Fadenfisch*

Auch wenn es paradox klingt: Einige Kampffische gehören zu den friedlichsten unter den brutpflegenden Fischen. Es sind die maulbrütenden Arten. Auch sie sind gut mit *Boraras* und Keilfleckbarben zu kombinieren, als Paar kommen sie bereits mit 20 Litern Wasser aus. Aber das Wasser sollte sauer und möglichst weich sein und Lebendfutter sollte bereitstehen!

Fische

In erster Linie sind hier die kaum 5 cm erreichenden **Roten Laubkampffische** aus dem Osten Borneos gefragt, *Betta channoides* und *Betta albimarginata*. Beide sehen phantastisch aus und sie sind auch unter den beschriebenen Bedingungen zu züchten, wobei das Weibchen der aktivere Partner ist. Das Männchen brütet den Nachwuchs im Maul aus und muss während dieser Zeit natürlich fasten. Gratisfilme zum Fortpflanzungsverhalten dieser Schmuckstücke können im Internet unter www.fischverhalten.de angeschaut werden.

↓ *Betta albimarginata*-Männchen mit laichvollem Maul

↓ *Betta channoides*-Männchen in Prachtfärbung

Als letzte unter den Miniaquarien-tauglichen Labyrinthfischen seien die **Knurrenden Guramis** genannt. Sie gehören wieder zu den anspruchslosen Arten und werden auch häufiger in Zoofachhandlungen angeboten. *Trichopsis vittata* und *T. schalleri* erreichen etwa 6 cm Gesamtlänge. Sie eignen sich für die paarweise Haltung oder auch zu dritt bereits für ein 30 Liter Aquarium, wenn es sinnvoll (siehe S. 71 oben) eingerichtet ist. Man kann dann recht häufig das Knurren der Männchen hören, das an das Geräusch einer Kinderrassel erinnert. Diese Fische sind anspruchslos im Hinblick auf die Wasserwerte und das Futter. Entsprechendes gilt für den **Knurrenden Zwerggurami**, *Trichopsis pumila*. Sie ähneln im Aussehen sehr den *T. schalleri*, erreichen jedoch nur Gesamtlängen von 3,5 cm. Auch für diese Zwerge braucht man mindestens ein 30-Liter-Aquarium zur Haltung und Zucht. Ich halte sie gern zusammen mit einem Schwarm Zwergziersalmler, *Nannostomus marginatus*, oder mit Zwergpanzerwelsen, *Corydoras pygmaeus*.

↓ *Schallers Knurrender Gurami, T. schalleri*

↓ *Knurrender Zwerggurami*

Bleiben noch die kleinen **Prachtguramis** der Gattung *Parosphromenus* zu erwähnen. Diese kleinen Höhlenbrüter leben sehr versteckt. Neben den Höhlen brauchen sie weiches, saures Wasser. Diese Kleinode sind nur etwas für Spezialisten, die bereit sind, sich mit diesen Fischen wirklich ausgiebig zu beschäftigen. Ohne abwechslungsreiches Lebendfutter wird man nur wenig Freude an diesen Fischen haben.

🔽 *Dunkler Sumpf-Prachtgurami*

🔽 *Schwarzer Prachtgurami*

Die bisher vorgestellten Arten stammen alle aus Süd- und Südostasien. Aber auch in Afrika gibt es in der Gattung *Microctenopoma* Fische, die sich für Kleinaquarien eignen. Das gilt vor allem für den **Zwergbuschfisch**, *Microctenopoma nanum*, der sich bei paarweiser Haltung als ausgesprochen friedlich erweist. Ich habe die Fische in gut gegliederten 20-Liter-Aquarien gezüchtet, ebenso *M. fasciolatum* und *M. damasi*. Auch in Wasser mit mittleren Härtegraden kann man die Tiere noch gut halten. Für die Dauerhaltung sollte man aber auf jeden Fall ein 40-Liter-Aquarium vorsehen, denn diese Buschfische können Längen von knapp 8 cm erreichen.

🔽 *Zwergbuschfisch*

Welse

Aus Südamerika kommen einige kleine, sehr schöne Fische für ein Kleinaquarium in Frage. An erster Stelle der **Längsstreifen-Ohrgitterharnischwels**, *Otocinclus vittatus*, ein nur etwa 3,5 cm lang werdender Saugwels. Er ist leicht an seinem rautenförmigen Schwanzwurzelfleck zu erkennen, der ohne Absatz mit dem dunklen Seitenstreifen verbunden ist. Seine Haltung ist problemlos, wenn das Wasser weich bis mittelhart und leicht sauer bis neutral ist. Ohrgitterwelse sind fleißige Algenfresser, nehmen aber auch Flockenfutter und Futtertabletten auf Pflanzenbasis an. Auch die verschiedenen anderen *Otocinclus*-Arten sind absolut empfehlenswert. Wir sollten sie immer im Schwarm halten. Zur Vergesellschaftung eignen sich friedliche Fische wie kleine Salmler, Panzerwelse und Zwergbuntbarsche.

Auch der erst kürzlich beschriebene **Zebra-Zwergharnischwels,** *Nannoptopoma spec.* 'Peru' (evtl. *sternoptychum*) erreicht gerade mal 3,5 cm. Auch diese Tiere eignen sich für das entsprechend eingerichtete Kleinaquarium. Leider gehen nicht alle dieser Importtiere problemlos an das angebotene Futter. Zumindest für die Zeit der Eingewöhnung ist ein Becken mit einigen Grünalgen von Vorteil.

⬆ *Längsstreifen-Ohrgitterharnischwels*

Neben den Saugwelsen eignen sich viele Panzerwelse als Bewohner eines Kleinaquariums, bevorzugt natürlich die kleinen Arten. Auch sie sollten im kleinen Trupp mit ihresgleichen gehalten werden. Sie brauchen feinkörnigen Bodengrund, in dem sie wühlen können.

Empfehlenswert sind besonders die **Zwergpanzerwelse** wie *Corydoras habrosus*, *C. hastatus* und *C. pygmaeus*, die um die 3 cm groß werden. Sie sind unproblematisch in der Haltung und in weichem Wasser (KH um 3°) bei leicht saurem pH-Wert (6-6,5) recht einfach zu züchten. Hierzu braucht man einen kleinen Trupp der possierlichen Tiere, ein 20-Liter-Aquarium reicht. Die Alttiere stellen den Jungen nicht nach; in Gegenwart anderer Mitfische ist eine erfolgreiche Aufzucht natürlich nicht möglich. Dann sollte das Aquarium auch größer sein. Als Beifische eignen sich friedliche Salmler oder *Otocinclus*.

⬆ *Zwergpanzerwels Corydoras habrosus*

⬆ *Zebra-Zwergharnischwels*

⬆ *Panda-Panzerwels*

Aber es gibt noch eine Reihe weiterer *Corydoras*-Arten, die auch für kleinere Aquarien gut geeignet sind. Ich erwähne hier nur den höchstens 5 cm großen **Panda-Panzerwels,** *Corydoras panda,* aus Peru und den nur wenig größer werdenden **Marmor-Panzerwels,** *C. paleatus.* Für sie gilt sinngemäß das bei den Zwergpanzerwelsen beschriebene.

sollte Garnelen in einem Extra-Aquarium pflegen!
Guten Gewissens kann man für ein Kleinaquarium auf jeden Fall die **Kleinen Maulbrüter,** *Pseudocrenilabrus multicolor,* mit 5 cm Gesamtlänge aus Afrika empfehlen. Am besten nimmt man ein Paar und richtet das Aquarium so ein, dass das Weibchen Versteckplätze findet, die das

Marmor-Panzerwels

Kleiner Maulbrüter

Buntbarsche

Wenn sie in Ablaichstimmung kommen, errichten Buntbarsche (Cichlidae) Reviere, die sie energisch gegen Artgenossen, aber oft auch gegen andere Mitfische verteidigen. Es gibt zwar die Gruppe der „Zwergbuntbarsche", aber auch dort ist Vorsicht geboten! Für den Daueraufenthalt von Buntbarschen in einem Kleinaquarium braucht es schon etwas Einfühlungsvermögen und Fingerspitzengefühl des Pflegers. Und auch hier gilt: Ein mittelgroßes Becken ist besser als ein kleineres. Eins gilt unbedingt: Wer Cichliden halten möchte,

Männchen nicht einsehen kann. Dann reicht auch schon ein 30-Liter-Aquarium. Die Fische sind recht tolerant im Hinblick auf die Wasserwerte. Wenn man Lebendfutter reicht, wird das Weibchen gewiss bald Laich ansetzen und es kommt zum Ablaichen in einer vom Männchen erbauten Grube am Boden. Das Weibchen nimmt die Eier sofort ins Maul und trägt seine Brut dann zwei bis drei Wochen. Für diese Zeit braucht die zukünftige Mutter Ruhe und man tut gut daran, das Männchen zu entfernen, wenn es stört. In der Regel ist das jedoch nicht nötig. Es

ist ein besonderes Erlebnis, der Mutter bei der Brutpflege zuzuschauen, denn bei vermuteter Gefahr erscheinen die Kleinen wieder vor dem Maul der Mutter. Sie werden dann für einige Zeit aufgeschnappt und sind im Maul der Mutter sicher vor eventuellen Feinden. Das ist wirklich sehenswert! Einen Film von Paarung und Brutpflege des Kleinen Maulbrüters sieht man im Internet unter www.fischverhalten.de.

In Südamerika sind die „klassischen" **Zwergbuntbarsche** der Gattung *Apistogramma* zu Hause. Sie eignen sich keineswegs für den Daueraufenthalt in kleinen Aquarien. Lediglich zu Zuchtzwecken kann man die friedlicheren von ihnen in einem sinnvoll eingerichteten 40-Liter-Aquarium als Paar ansetzen. Zur Einrichtung gehören neben ausreichend Versteckplätzen trockenes Bodenlaub und vor allem mindestens eine Laichhöhle. Dann wird neben weichem, möglichst auch leicht angesäuertem Wasser gut Lebendfutter gegeben und das Paar immer wieder kontrolliert. Auf diese Weise kann es bei einigen Arten schön funktionieren, so bei *Apistogramma trifasciata, A. borellii* und *A. rubrolineata*.

Besonders friedfertig sind die **Pucallpa-Zwergbuntbarsche,** *Apistogrammoides pucallpaensis*, die gerade mal 3 cm (Weibchen) bis gut 4 cm (Männchen) erreichen. Die Männchen können bei der richtigen Beleuchtung am ganzen Körper herrlich stahlblau schillern. Dabei ist jede Schuppe dunkel gerandet, so dass es aussieht, als ob der Körper von einem groben Netz eingehüllt wäre. Besonders apart wirkt hierzu die Gelbfärbung der Rücken-, After- und Bauchflossen sowie der goldgelbe Kopf mit den leuchtend blauen Schnörkeln. Man kann die Pucallpa-Zwergbuntbarsche auch in einem passend eingerichteten

Aquarium (siehe *Apistogramma*) mit einer Kantenlänge von 40 cm bzw. 30 Liter Volumen gut pflegen und – wenn man auf Beifische verzichtet – züchten. Die Männchen sind an der Aufzucht und dem Führen der freischwimmenden Brut so aktiv beteiligt, dass man fast von einer Elternfamilie sprechen kann (Foto S. 78).

⬆ *Apistogramma rubrolineata* – oben Männchen, unten Weibchen in der Laichhöhle

Auch **Schneckenbarsche** wie die kleinen *Neolamprologus multifasciatus* werden gelegentlich für Kleinaquarien empfohlen. Das funktioniert (wie auch bei den obigen Beispielen), wenn man nur ein einzelnes Männchen nimmt, und dazu ein oder zwei Weibchen. Die Weibchen werden im Aquarium nicht größer als 2,5 cm, Männchen erreichen Längen von 4 cm. Für die Einrichtung braucht man etwa 40 Liter Wasservolumen, einen sandigen Bodengrund und einige leere Weinbergschneckenschalen (wenn man sie nicht in der Natur findet: Delikatessengeschäft). Sie werden so ins Wasser gegeben, dass sie keine Luft mehr in ihrem Inneren haben. Die Temperatur wird auf etwa 23–26 °C eingestellt, die Wasserhärte sollte im mittleren Bereich liegen und der pH-Wert im alkalischen Bereich (um 8,5). Ein Filter darf nicht fehlen. Als Beifische eignen sich Guppies (*Poecilia reticulata*). In ihrem heimischen Tanganjikasee ernähren sich Schneckenbarsche unter anderem von Garnelen!

Wer zwei Männchen einsetzen will, braucht schon ein 50- oder 60-Liter-Aquarium. Dann werden natürlich weitergehende Beobachtungen möglich. Die Angaben gelten entsprechend auch für den **Schneckenbarsch** *Neolamprologus brevis*.

Weitere Kleinbarsche

Es gibt eine Reihe kleiner Barsche, teils altbekannte Arten, teils auch ganz neu in der Aquaristik. Sie alle eignen sich für Miniaquarien, sie alle haben aber auch einen entscheidenden Nachteil: Sie sind auf Lebendfutter angewiesen. Man kann mühsam versuchen, sie an Frostfutter zu gewöhnen; es ist aber nicht immer einfach.

Schlichtweg ein Renner unter den Kleinfischen für das Miniaquarium sind die **Scarlett-Zwergblaubarsche**, *Dario dario*, aus dem Norden Indiens. Die phantastisch blau-rot gestreiften Fischmännchen erreichen gerade mal 3 cm Länge. Sie sind ausgesprochen lebhaft und versuchen mit harmlosen Kämpfen untereinander, ihre Reviere abzustecken und die kleineren, weit schlichteren Weibchen zum Ablaichen ins Moosdickicht zu locken! Die Scarletts sind – von den oben schon angesprochenen Problemen mit der Ernährung abgesehen – ausgesprochen anspruchslos. Sie vertragen gleichermaßen hartes wie auch weiches Wasser (ein Filter kann fehlen) und Temperaturen zwischen 20 und 26 °C. Sie brauchen allerdings ein stellenweise dicht bepflanztes Aquarium, das im Hinblick auf die Reviergrenzen der kleinen Fische gut mit Steinen oder einer Wurzel durchstrukturiert sein sollte. In einem 40-Liter-Aquarium können dann gut 3 Männchen und 2 bis 3 Weibchen untergebracht werden. Unter diesen Umständen kann man mit Glück (und wenn keine anderen Beifische im Aquarium sind!) auch bald die ersten Larven an den Seitenwänden des Aquariums entdecken, die zunächst Einzeller fressen, später frischgeschlüpfte Artemien. Die ideale Haltung ist sicher das Artbecken, aber auch *Boraras*-Arten eignen sich als Gesellschafter.

Pucallpa-Zwergbuntbarsch

Fische

⬆ *Scarlett-Zwergblaubarsch*

Es werden neuerdings noch weitere schöne *Dario*-Arten eingeführt. Wer die Gelegenheit hat, sie zu bekommen, sollte ihre Pflege probieren.

Die eigentlichen **Blaubarsche,** *Badis badis,* kommen ebenfalls aus Nordindien. Sie werden mit bis zu 8 cm wesentlich größer. Da sie im Gegensatz zu den quirligen *Dario* aber ausgesprochen ruhige Fische sind, kann man auch sie als Paar ohne Sorge im 40-Liter-Aquarium halten. Neben ausreichend Versteckmöglichkeiten (Pflanzendschungel!) brauchen sie aber dunkle Höhlen, in denen sie ablaichen. Der Vater bewacht den Laich und die daraus geschlüpften Larven. Blaubarsche sind wegen ihrer bedächtigen Lebensweise keine Fische für Jedermann – flüchtige Beobachter halten sie sogar für langweilig. Wenn es allerdings Futter gibt, sind sie voll da! Entsprechendes gilt für *Badis corycaeus,* deren Männchen herrlich rote Flossen

⬇ *Blaubarsch*

haben. Die Fische stammen aus Myanmar (Burma) und bleiben kleiner als die Blaubarsche. Auch sie sind ausgesprochen ruhig. Ein 40-Liter-Aquarium ist gut für 2 Männchen und 3 Weibchen geeignet, wenn man für stellenweise dichten Pflanzenwuchs und für Höhlen sorgt. Auch große Weinbergschneckenschalen werden als Bruthöhle akzeptiert, wie das Foto unten mit dem Männchen im Schneckenhaus und dem davor wartenden Weibchen zeigt. Das Balz-, Ablaich- und Brutpflegeverhalten dieser Fische ist sehr eindrucksvoll – ich zeige es als Video im Internet unter www.fischreisen.de.

Auch Nordamerika hat seine Zwergbarsche. Sie ähneln speziell den *Dario*-Arten im Verhalten, sind aber nicht näher mit ihnen verwandt. *Elassoma evergladei*, der **Everglades-Zwergschwarzbarsch**, kommt aus stehenden Sumpfgewässern und kleinen Bächen Floridas. Diese Barsche werden maximal 35 mm groß. Der schwarze Körper der Männchen ist mit glitzernden bläulichen Punkten übersät. Am besten hält man auch diese Fischchen in einem 40-Liter-Artaquarium mit 3 oder 4 Männchen und einigen Weibchen. Die balzenden Männchen sind ständig bemüht, die Weibchen zum Ablaichen ins Pflanzendickicht zu locken. Die Aquarieneinrichtung und Haltung sollte so sein, wie bei *Dario dario* beschrieben. Dann wird sich der Nachwuchs von selbst einstellen. Die Eltern stellen der Brut nicht nach. Einen Unterschied aber bei den Wassertemperaturen: Sie sollten im Winter ruhig niedrig liegen (ca. 15 °C, aber 10 °C nicht unterschreiten), im Sommer dürfen sie bis auf maximal 25 °C klettern.

Es gibt noch einige wenige weitere Arten, so *Elassoma okefenokee*. Diese Art ist noch farbenprächtiger als *E. evergladei* und zeigt während der Balz ein typisches Flossenwedeln. Bedauerlicherweise sind die *Elassoma*-Arten nur selten im Fachhandel zu bekommen.

Lebendgebärende Zahnkarpfen

Vom Süden der Vereinigten Staaten bis in den Norden Südamerikas findet man Lebendgebärende Zahnkarpfen (Poecilidae). Viele von ihnen sind als Aquarienfische altbekannt und nicht wenige eignen sich auch gut für das kleine Aquarium. Die Geschlechter sind am Gonopodium der Männchen leicht zu unterscheiden. Dieses Begattungsorgan ist eine stachelartige Umformung der Afterflosse. Die Afterflos-

⬆ *Badis corycaeus* – oben Paar an der Bruthöhle, unten Männchen mit Laich

Fische

sen der Weibchen dagegen sind wie auch bei anderen Fischen fächerförmig. Zudem werden die Weibchen oft deutlich größer als die Männchen.

Guppys, *Poecilia reticulata,* sind die Minifische schlechthin. Jeder kennt diese Fischchen, deren kleine Männchen so wunderschöne Farben aufweisen! Bei den Zuchtformen wurde auch auf Größe ausgelesen – bestimmt ist es ganz empfehlenswert, es stattdessen mal mit Wildguppys zu versuchen. Sie werden maximal 4 cm groß (die Weibchen), die Männchen erreichen gerade mal 1,5 cm. Nachzuchten von Wildguppys werden in der letzten Zeit wieder verstärkt angeboten. Aber auch diese vitalen Fischchen sollten im kleinen Trupp und für längere Zeit mindestens in einem 20-Liter-Aquarium gehalten werden. Ideal wäre natürlich ein 80 cm langes Artbecken, in dem sie sich ohne unser Zutun vermehren und ihren Stamm erhalten können.

Wer sich etwas Gutes tun will, sollte nach dem **Campoma**-Guppy bzw. der Wildform des **Endler**-Guppys, *Poecilia wingei* Ausschau halten. Sie stammen aus einer Lagune im Norden Venezuelas. Die Farben der Männchen sind leuchtend wie Neonreklamen. Haltung und Zucht ist wie beim Guppy einfach, aber Vorsicht: Beide Arten vermischen sich! Wir sollten sie also nicht gemeinsam halten.

An dieser Stelle müssen natürlich auch die **Zwergkärpflinge,** *Heterandria formosa,* erwähnt werden. Sie kommen aus dem Süden der USA, wo sie sich mit Vorliebe in stark verkrauteten Gewässerbereichen aufhalten. Beide Geschlechter zeigen in der Färbung kaum Unterschiede. Die hell gefärbten Fische schillern bläulich und besitzen einen kräftigen dunklen Seitenstreifen und einen schwärzlichen Fleck in der Basis der Rückenflosse. Sie erreichen Gesamtlängen von 3 bis 4 Zentimetern und eignen sich daher ausgezeichnet für dicht bepflanzte Kleinbecken mit robusten Garnelen. Ein 20-Liter-Becken reicht völlig aus.

Sie bevorzugen mittlere bis höhere Härtegrade, die Wassertemperatur sollte nicht unter 19 °C sinken, andererseits aber auch nicht 25 °C übersteigen. Höhere Temperaturen unbedingt vermeiden!

Guppy, Naturform

Zwergkärpflinge

Wer es im Aquarium bunter haben will, kann ohne Bedenken auch normale **Platys**, *Xiphophorus maculatus*, und die nicht weniger empfehlenswerten **Papageienplatys**, *Xiphophorus variatus*, nehmen. Beide Arten eignen sich im kleinen Trupp auch für Aquarien ab 30 Liter. Es gibt sie in allen möglichen Zuchtformen. Auch hier sollte man aber sehen, dass man nicht an Riesenzüchtungen gerät, die häufiger aus den Großzüchtereien kommen. Dass Qualzuchten wie die Ballon-Platys sich für einen Tierfreund ohnehin verbieten, sei nur am Rande erwähnt.

Alle genannten Arten sind ausgezeichnete Fische für die Vergesellschaftung. Als unbekümmerte Fische tummeln sie sich gern auch frei im Wasser, so dass vorsichtigere Fische in ihrer Gegenwart schnell Mut fassen und sich aus ihren Verstecken heraustrauen. Gern zupfen sie an kleinen Algen. Vielleicht ist das der Grund, weshalb Aquarien mit Lebendgebärenden nur selten veralgen! Sie sind also ideale Aquarienfische – lediglich in sehr weichem Wasser sollte man sie nicht halten.

Aber nicht alle Lebendgebärenden Zahnkarpfen sind für kleine Aquarien geeignet. Blackmollies, Segelkärpflinge, Schwertträger (auch die kleinen Arten) sollten in einem größeren Aquarium untergebracht werden!

 Platy

 Papageienplaty

Eierlegende Zahnkarpfen, Killis

Seit Jahrzehnten gibt es eine Gruppe von Aquarianern, die sich ganz der Pflege der Aplocheilidae widmet. Für diese Spezialisten sind Kleinaquarien das selbstverständlichste der Welt: Viele Arten werden in 10-Liter-Aquarien gezüchtet! Es ist unmöglich, hier auch nur einen Bruchteil der für Kleinaquarien geeigneten Arten aufzuzählen. Wenige Beispiele – genügsame Arten, die auch für Beginner geeignet sind – werden vorgestellt.

Einige Killis gehören zu den buntesten Fischen überhaupt, viele leben schon von Natur aus auf kleinstem Raum, sie sind oft gut zu vergesellschaften und ihre Zucht ist in vielen Fällen einfach.

Killifische sollte man vorsichtshalber nicht mit Garnelen vergesellschaften. Mann kann sie aber gut mit friedlichen Fischen zusammen pflegen. Natürlich müssen die Arten in ihren Ansprüchen und im Temperament zueinander passen. Man wird aber mehr von seinen Fischen haben, wenn man sie im Artbecken hält. So kann man die Kleinen neben den Altfischen aufwachsen zu sehen. Grundsätzlich sind Killis Fische, die einen dunkleren Bodengrund lieben (Torf, trockene Laubblätter!) und etwas gedeckteres Licht.

Schwimmpflanzen sind für sie ideal. Auch das Aquarium sollte gut durch weitere Pflanzen und Wurzeln strukturiert sein. Killifischfreunde betonen immer wieder die Wichtigkeit von Huminstoffen. Durch Wurzeln, Torf und Erlenzapfen braun gefärbtes Wasser ist typisch für ein Killi-Aquarium.

Ein derart eingerichtetes Aquarium von 40 Litern Inhalt kann mit 3 Männchen und 5 Weibchen besetzt werden, wenn man an die kleineren Arten denkt. Zur Gesellschaft eignen sich andere friedliche Fische wie die Rote Kamerun-Zwergbarbe *Barbus jae*. Will man vorrangig züchten, genügen weit kleinere Becken, aber im Hinblick darauf, dass die Männchen oft heftig treiben, sollte man doch ein Trio ansetzen: 1 Männchen und 2 Weibchen.

Saisonfische

Man unterscheidet bei den Killifischen annuelle und nichtannuelle Arten: Die annuellen Arten sind Saisonfische, deren Leben auf nur wenige Monate eingestellt ist. Während der tropischen Regenzeit wachsen die kleinen Fische heran und laichen innerhalb weniger Wochen ab. Hierzu taucht das ablaichende Paar oft tief in den lockeren Bodengrund. (Die Aquarianer bieten ihren Fischen hierzu in der Regel lockeren Torf – Achtung: Keinen gedüngten Gartentorf nehmen!) Wenn die Tümpel dann austrocknen, sterben auch die Fischchen. Ihre Eier überdauern oft monatelang im feuchten Bodengrund. Erst zum Beginn der Regenzeit schlüpfen die inzwischen entwickelten Larven und beginnen den neuen Zyklus.

Die nichtannuellen Arten bewohnen Gewässer, die in der Trockenzeit nicht völlig trockenfallen. Sie sind in der Regel Haft- oder Pflanzenlaicher, sie bevorzugen Pflanzen oder sonstige feingliedrige Materialien als Laichsubstrat. (Aquarianer basteln ihren Fischen hierzu vielfach Laichmops, aus Kunstwollefasern hergestellte Gebilde, die hin und wieder durch Auskochen desinfiziert werden müssen). Das Fortpflanzungsverhalten dieser Fische ist nicht von einem jahreszeitlichen Rhythmus bestimmt und die Lebensdauer der Nichtannuellen auch deutlich höher!

❶ *Kap Lopez oder Bunter Prachtkärpfling*

Hier einige einfach zu haltende Arten: Neben neuen und teilweise auch recht anspruchsvollen Fischen aus der Gattung *Aphyosemion* gibt es altbewährte Arten, geradezu „Klassiker" der Aquaristik, beispielsweise den **Kap Lopez**, *Aphyosemion australe*. Die ersten dieser Fische erreichten Deutschland bereits 1913. Seitdem sind sie aus unseren Aquarien nicht mehr verschwunden.

Das liegt weniger an der Schönheit dieser auch als **Bunter Prachtkärpfling** bezeichneten Tiere, sondern vor allem an ihrer Genügsamkeit und leichten Züchtbarkeit. Seit etlichen Jahren gibt es auch eine Gelblingsform dieser Art. Auch sie ist anspruchslos in Haltung und Zucht. Die friedlichen Tiere kann man problemlos mit anderen Friedfischen gemeinsam unterbringen. Das Wasser sollte weich oder nur mittelhart sein und – zumindest zur Zucht – leicht sauer. Die Wassertemperaturen können zwischen 20 und 24 °C liegen. Im Hinblick auf das Futter hat man mit dem Kap Lopez keine Probleme. Neben Lebendfutter jeglicher Art nimmt er anstandslos auch Frostfutter oder Flockenfutter.

Chromaphyosemion bivittatum, der Vielfarbige Prachtkärpfling (4 bis 5 cm), ist ebenfalls besonders empfehlenswert. Die Fische sind robust, recht lebendig und dazu noch sehr schön anzusehen. Sie nehmen neben dem bevorzugten Lebendfutter auch Frost- und Trockenfutter, sind im Hinblick auf die Wasserwerte recht anpassungsfähig und sie sind gut mit anderen ruhigen Fischen zu vergesellschaften. Im Artenbecken hat man aber sicher mehr vom Treiben der Tiere. In ein wie oben angegeben eingerichtetes 50-Liter-Aquarium können bedenkenlos 10 bis 15 Tiere eingesetzt werden.

zu schnappen, also kleine und mittelgroße Insekten. Im Aquarium lassen sie sich aber auch gut an Frost- und Trockenfutter gewöhnen. Auch im Hinblick auf die Wasserwerte stellen diese robusten Hechtlinge keine großen Ansprüche. Empfohlene Temperatur: 20 bis 25 °C.

Gern halten sich die Fische zwischen Schwimmpflanzen an der Wasseroberfläche auf. Schwimmpflanzen sollten ein Muss sein. Im 30-Liter-Artaquarium kommen zwischen den *Riccia*-Polstern auch immer wieder Jungfische hoch, wenn man ihnen anfangs *Artemia*-Nauplien zufüttert. Wer darauf weniger Wert legt, kann die Querbandhechtlinge bedenkenlos mit ruhigeren Fischen aus mittleren oder unteren Wasserzonen zusammen halten, dann sollte man aber schon ein größeres Aquarium ins Auge fassen. – Die Nominatform *E. dageti dageti* ist weniger attraktiv und wird daher im Handel kaum angeboten. Nicht weniger gut eignet sich der **Togo-Sechsbandhechtling** *Epiplatys togolensis* zur Haltung in kleinen Aquarien. Auch sie sind sehr pflegeleicht und absolut friedlich. Was sich die liebenswerten Fischchen wünschen: einige Schwimmpflanzen, einen wöchentlichen Teilwasserwechsel, Temperaturen zwischen 20 und 24 °C und hin und wieder auch mal Lebendfutter als Leckerli, am liebsten die kleinen Fruchtfliegen. Entsprechendes gilt für die Streifenhechtlinge aus Südasien.

Vielfarbiger Prachtkärpfling

Epiplatys dageti monroviae, die **Querbandhechtlinge**, sind typische Oberflächenfische, die vom Habitus an kleine Hechte erinnern. Da sie ausgezeichnet und gern springen, muss man das Hechtlings-Aquarium jedoch peinlichst genau abdecken! Die Hechtlinge sind ganz darauf eingestellt, in ihrer Westafrikanischen Heimat Anflugnahrung von der Wasseroberfläche

Querbandhechtlinge

Der kleine **Ringelhechtling**, *Pseudepiplatys annulatus*, ist wie seine etwas größeren Vettern zu halten. Er verträgt auch etwas höhere Temperaturen. Flockenfutter nimmt er allerdings nur ungern. Er zieht eine abwechslungsreiche Fütterung mit feinem Lebendfutter vor. Das allerdings ist auch für viele andere Fische typisch.

Im Artbecken ist die Zucht unproblematisch: Nach abwechslungsreicher Fütterung und einem kräftigen Wasserwechsel laichen die possierlichen Bodenfische unter Steinen oder in Blumentöpfen. Die etwa 150 Eier sind recht groß. Die Larven schlüpfen nach etwa 4 Tagen. Bei diesen Fischen kümmert sich der Vater um die Brut. Erstes Futter für die Kleinen, die übrigens im Gegensatz zu ihren Eltern in der ersten Zeit frei im unteren Beckenbereich schwimmen, sind *Artemia*-Nauplien.

↑ *Ringelhechtling*

↑ *Goldringelgrundel*

Weitere interessante Fische

Aus der Gruppe der Grundeln werden hier die possierlichen **Goldringelgrundeln**, *Brachygobius doriae*, vorgestellt. Ein Becken mit 40 cm Länge (20-Liter-Aquarium) reicht für 5 Tiere, wenn man es mit genügend Versteckmöglichkeiten und Höhlen ausstattet. Das Wasser sollte mittelhart bis hart sein, der pH-Wert über 7 liegen. Temperatur: 24–28 °C. In einem 50er-Becken können wir die Fische auch gut mit kleinen Lebendgebärenden halten, denn auch sie vertragen etwas härteres Wasser. Es ist in hartem Wasser nicht unbedingt nötig, aber besser ist die Zugabe von zwei bis drei Teelöffeln Kochsalz.
Es ist aber zu beachten, dass Goldringelgrundeln nur Lebendfutter nehmen. Lediglich Frostfutter wird als Ersatzfutter gelegentlich angenommen.

Zum Schluss noch ein Vorschlag für Aquarianer, die das Besondere lieben, die aber auch gewillt sind, dafür einen gewissen Aufwand zu betreiben:
Zwergkugelfische, *Carinotetraodon travancoricus*, kann man bereits in 20-Liter-Aquarien halten und züchten. Dass sich ein größeres Aquarium für diesen Zweck besser eignet, ist keine Frage. Sie brauchen sauberes Wasser und eine Wassertemperatur von 27–28 °C.
Die kleinen Kügelchen aus dem Süden Vorderindiens erreichen maximal gut 3 cm ("Erbsenkugelfisch") und sollten in einer kleinen Gruppe gehalten werden. Sie

Tiere und Pflanzen

eignen sich bedingt auch für ein kleines Gesellschaftsaquarium. Allerdings gibt es immer wieder einzelne Kugelfische, die als notorische Flossenfresser auffallen. Gut vergesellschaften kann man sie aber mit *Otocinclus*, auch Armano-Garnelen haben sich bewährt. Baby-Garnelen werden allerdings gern gefressen.

Die eigentliche Ernährungsbasis der Kugelfische sind nicht zu große Schnecken. Wer nicht sicher ist, dass er den Tieren auch längerfristig diese Nahrung geben kann, sollte die Finger von den kleinen Kugeln lassen! Ersatzweise werden zwar auch lebende Mückenlarven genommen (notfalls auch als Frostfutter), aber die Schnecken sind unverzichtbar, damit die hornartigen Kiefer der Fische ausreichend abgenutzt werden! Im anderen Fall wächst ihr Maul zu und sie müssen verhungern. Die Eier werden bevorzugt in Büscheln von Javamoos abgelegt. Ein gut funktionierender Schwammfilter ist wichtig für die Entwicklung der Brut. Die Kleinen schlüpfen nach 6 Tagen und brauchen weitere 6 Tage zum Freischwimmen. Dann nehmen sie sofort frischgeschlüpfte *Artemia*-Nauplien.

⬇ *Zwergkugelfische, tatsächlich nur erbsengroß*

Service

Zum Weiterlesen

Bücher aus dem Kosmos Verlag
Beck, Peter: **Süßwasser-Aquaristik**.
Dreyer, Stephan und Rainer Keppler:
Das neue Kosmosbuch der Aquaristik.
Fische, Pflanzen, Wasser, Technik.
Gay, Jeremy: **1 x 1 der Aquaristik**.
Hiscock, Peter: **Aquarien gestalten** – nach dem Vorbild der Natur.
Hofstätter, Christian W.:
Garnelen & Krebse.
Kahl, Burkard u. Wally, Vogt, Dieter:
Kosmos-Atlas Aquarienfische. Über 750 Süßwasser-Arten.
Kasselmann, Christel: **Pflanzenaquarien gestalten**. Planen, pflanzen, pflegen. 100 Pflanzenarten auf einen Blick.
Kölle, Dr. med. vet. Petra:
Fischkrankheiten.
Kothe, Hans W.: **250 Aquarienfische**. Bestimmen, halten, pflegen.
Mayland, Hans J. und Dieter Bork: **Salmler**.
Osche, Claus: **Lebendgebärende**.
Ullrich, Martin: **Buntbarsche**.
Untergasser, Dieter: **Krankheiten der Aquarienfische**. Diagnose und Behandlung.
Veit, Klaus: **Mein Aquarium**.
Vierke, Jörg: **Labyrinthfische**.
Vierke, Jörg: **Welse**.
Vierke, Jörg und Claus-Peter Gering:
Aquarium. Gestaltung und Pflege, Fische und Pflanzen.
Wilkerling, Klaus: **Aquarienfibel**. Fische und Pflanzen im Süßwasseraquarium.

Nützliche Adressen

Unmöglich, auch nur einen Teil der interessanten Seiten im Netz aufzulisten. Und natürlich gibt es auch „Müll". Hier einige Seiten, die ich dem Freund von kleinen Aquarien wärmstens empfehlen kann:

www.allesumdieschneck.de/
informative Seite zu Wasserschnecken im Aquarium
www.altwasser-aquarium.de/
zahlreiche Anregungen für Aquarianer
www.aquanet.de/
das Portal für Aquarianer: Aufsätze, Lexika und mehr
www.aquanat.tv/
Fernsehen für Aquarianer, Gratisfilme zum Abrufen
www.crusta10.de/
Krebse und Schnecken
www.crustakrankheiten.de/
Infos zu Problemen mit Schnecken und Krebstieren
www.deters-ing.de/
Aquaristik ohne Geheimnisse. Sehr empfehlenswert!
www.dkg.killi.org/
wertvolle Informationen für Killifischfreunde
www.fischreisen.de/
Aquarien-Magazin vom Autor
www.fischverhalten.de/
Fische beobachten und verstehen mit vielen Videos des Autors
www.flowgrow.de/
mit gutem Wasserpflanzen-Ratgeber
www.gerdvoss.de/Wirbellose/
gute Infos zu Garnelen
www.igl-home.de
die Homepage der Internationalen Gemeinschaft für Labyrinthfische
www.minifische.de/
ausführliche Infos mit Links zu kleinen Fischen
www.naturaquarium.de/
Ratgeber für japanische Naturaquarien
www.vda-aktuell.de/
Verband Deutscher Vereine für Aquarien- und Terrarienkunde e. V.
www.wirbellose.de/
mit zahllosen Informationen

Register

Aktivkohle 40
Algen 14
Algenball 50
Algenplage 46 f.
Algenvernichter, chemischer 47
Amano-Garnele 65
Amazonaspflanze 57
Anentome helena 60
Anubias nana 56
Apfelschnecke 60
Aphyosemion australe 69, 83
Apistogramma 29
Apistogramma borellii 77
Apistogramma rubrolineata 77
Apistogramma trifasciata 77
Apistogrammoides pucallpaensis 77
Aquarienabdeckung 14
Aquarienform 12 f.
Aquariengrößen 8 f.
Aquarienpflanzen 49 ff.
Aquarienschnecken 58 ff.
Aquarium befüllen 37
Aquarium einfahren 38
Aquascaping 7
Artemia salina 46
Artemia-Nauplien 44
Außenfilter 16
Axelrodia risei 70
Badis badis 79
Badis corycaeus 79
Bakterien, nützliche 26 ff.
Bakterienstarter 28
Bärbling 68
Barbus hulstaerti 69
Barbus jae 69, 83
Belebtschlamm 28 f.
Beleuchtung 14, 40
Betta albimarginata 73
Betta channoides 73
Betta imbellis 72
Betta smaragdina 72
Betta splendens 72

Bienengarnele 65
Biostarter 39
Blaualgen 46
Blaubarsch 79
Blyxa japonica 54
Bodengrund 17, 36, 40
Boraras brigittae 9
Boraras maculatus 68
Boraras micros 68
Brachygobius doriae 85
Brasilianischer Wasserefeu 53
Breitblättriges Pfeilkraut 55
Bunter Prachtkärpfling 83
Büschelfarn 52
***C**ambarellus patzcuarensis* Orange 66
Caridina babaulti 66
Caridina cf. *cantonensis* var. Tiger 65
Caridina cf. *cantonensis* var. Red Bee 65
Caridina gracilirostris 65
Caridina multidentula 65
Carinotetraodon travancoricus 85
Ceratophyllum demersum 52
Ceratopteris cornuta 52
Ceratopteris pteridoides 52, 71
Ceratopteris thalictroides 52
Chromaphyosemion bivittatum 84
Cladophora aegagropila 50
Clithon spec. 61
CO_2-Anlage 17
Colisa chuna 71
Colisa lalia 71
Corydoras paleatus 76
Corydoras panda 76
Corydoras pygmaeus 73
Cryptocoryne affinis 56
Cryptocoryne parva 56
Cryptocoryne x willisii 56
Danio choprae 68
Danio dario 79
Danio margaritatus 49, 69
Dekoration einbringen 37
Dichtblättriges Tausendblatt 53
Dünger 17, 42

Register

Echinodorus quadricostatus 57
Echinodorus tenellus 57
Egeria densa 53
Eichenblatt 53
Eierlegende Zahnkarpfen 82
Einfahrphase verkürzen 39
Einpflanzen 38
Einrichtungsmaterial 17 ff.
Elassoma evergladei 80
Endler-Guppy 81
Entsalzung des Wassers 25
Epiplatys dageti monroviae 84
Everglades-Zwergschwarzbarsch 80
Fadenfisch 71
Fadenkraut 54
Falscher Wasserfreund 53
Farne 51 f.
Feuertetra 70
Filter 15 f., 40
Fische 68 ff.
Fische einsetzen 47
Flammenmoos 50
Frostfutter 43 f.
Fütterung 43 ff.
Galaxy-Zwergbärbling 69
Garnelen 62 ff.
Garnelen einsetzen 47
Geweihschnecke 61
Giftige Pflanzen 20
Glühlicht-Bärbling 68
Goldringelgrundel 85
Grasartige Schwertpflanze 57
Grüne Zwerggarnele 66
Guppy 78, 81
Gurami 73
Gymnocoronis spilanthoides 53
Haertelscher Wasserkelch 56
Hamburger Mattenfilter 16, 31 f., 36
Härtegrad des Wassers 25 f.
Hemianthus micranthemoides 53
Heterandria formosa 81
Hirschhorn-Lebermoos 51
Honigfadenfisch 71
Hornfarn 52, 71

Hornkraut 52
Hüpferlinge 43
Hydrocotyle leucocephala 53
Hygrophila corymbosa 53
Hyphessobrycon amandae 70
Hyphessobrycon flammeus 70
Hyphessobrycon herbertaxelrodi 70
Hyphessobrycon megalopterus 70
Innenfilter 15
Ionenaustauscher 26
Japanisches Fadenkraut 54
Javafarn 51
Javamoos 50
Kampffisch 72, 73
Kap Lopez 69, 83
Kardinalsgarnele 47
Karpfenfische 68 f.
Killis 82
Kirschblatt 53
Kleiner Kampffisch 72
Kleiner Maulbrüter 76
Kleinohriger Büschelfarn 52
Knurrender Gurami 73
Knurrender Zwerggurami 73
Korallenmoos 51
Krebse 62 ff.
Labyrinthfische 71 ff.
Längsstreifen-Ohrgitterharnischwels 74
Laub 20, 41
Laubkampffisch 73
Lebendfutter 40, 44 f.
Lebendgebärende Zahnkarpfen 80 f.
Lebermoos 51
Licht 14
Lymnaea stagnalis 59
Malaiische Turmdeckelschnecke 59
Marmor-Panzerwels 76
Maulbrüter 76
Melanoides tuberculata 59
Mexikanisches Eichenblatt 53
Microctenopoma nanum 74
Microrasbora erythromicron 39, 68
Microsorum pteropus 51
Monosolenium tenerum 51

Mückenlarven 44
Myriophyllum hippuroides 53
Nannoptopoma spec. Peru 75
Nannostomus marginatus 69, 73
Nashorngarnele 65
Neocaridina cf. zhangjiajiensis var. White Pearl 64
Neocaridina heteropoda var. Red 64
Neolamprologus multifasciatus 77
Neonsalmler 70
Nitrit 27 f.
Ohrgitterharnischwels 74
Oranger Zwergkrebs 66
Otocinclus vittatus 74
Panda-Panzerwels 76
Panzerkrebse 66 f.
Panzerwels 76
Papageienplaty 82
Paracheirodon innesi 70
Parosphromenus 74
Pellia 51
Perlhuhnbärbling 49, 69
Perlkraut 53
Pfeffersalmler 70
Pfeilkraut 55
Pflanzen 40, 49 ff.
Pflanzen, giftige 20
Pflanzliches Futter 45
Pflege 35 ff.
Phantomsalmler 70
pH-Wert 24
Planorbarius corneus 59
Planung der Einrichtung 35 f.
Plastikdekoration 21
Platy 82
Poecilia reticulata 78, 81
Poecilia wingei 81
Pogostemon helferi 54
Pomacea bridgesii 60
Posthornschnecke 59
Prachtgrundkärpfling 23
Prachtgurami 74
Prachtkärpfling 83, 84
Pseudepiplatys annulatus 85

Pseudocrenilabrus multicolor 76
Pseudosphromenus cupanus 71
Pseudosphromenus dayi 71
Pucallpa-Zwergbuntbarsch 77
Querbandhechtling 84
Querstreifen-Zwergbärbling 68
Raubschnecke 60
Red Cherry-Garnele 64
Redfire-Zwerggarnele 64
Rennschnecke 61
Riccardia chamaedryfolia 51
Riccia fluitans 51
Riesenwasserfreund 53
Ringelhechtling 85
Rotala macranda 53
Rotala rotundifolia 53
Rotala wallichii 53
Rote Bienengarnele 65
Rote Kamerun-Zwergbarbe 69, 83
Rote Nashorngarnele 65
Roter Laubkampffisch 73
Roter von Rio 70
Rückwand 21, 36
Rundblättrige Rotala 53
Sagittaria 55
Sagittaria platyphylla 55
Sagittaria subulata 55
Saisonfische 83
Salinenkrebse 46
Salvinia auriculata 52
Salzkrebs-Larven 45 f.
Scarlett-Zwergblaubarsch 79
Schleierkampffisch 72
Schmetterlingsbarbe 69
Schneckenbarsch 77
Schraubenvallisnerie 55
Schwarzer Neon 70
Schwarzer Phantomsalmler 70
Schwertpflanze 57
Schwimmender Hornfarn 52, 71
Seemandelbaum 20
Shinnersia rivularis 53
Smaragdkampffisch 72
Speerblatt 56

Register

Spikymoos 50
Spitzschlammschnecken 59
Spitzschwanzmakropoden 71
Standort 35
Stickstoff 26
Sumatrafarn 52
Sumpfschraube 54
Tausendblatt 53
Taxiphyllum barbieri 50
Technische Ausrüstung 11 ff.
Technische Geräte installieren 38
Teichlebermoos 51
Terminalia catappa 20
Thermometer 17
Tigergarnele 65
Trichopsis pumila 73
Trichopsis schalleri 73
Trichopsis vittata 73
Trockenfutter 43
Tropischer Seemandelbaum 20
Turmdeckelschnecke 59
Tylomelania 58, 61
Vallisneria americana var. *biwaensis* 55
Vallisneria spiralis 54 f.
Vallisnerie 54
Vergiftungsgefahr 38
Vesicularia dubyana 50
Vielfarbiger Prachtkärpfling 84
Vittina turrita 61
Wasser 23 ff.
Wasseraufbereitung 25, 39
Wasserefeu 53
Wasserflöhe 43
Wasserfreund 53
Wasserhärte 25 f.
Wasserkelch 55 f.
Wasserlinsen 42
Wasserpest 53
Wasserpflanzen einsetzen 38
Wasserstern 54
Wassertemperatur 15
Wasserumwälzung 15
Wasserwechsel 28, 43
Weißperlen-Garnele 41, 63 f.

Welse 74 f.
Wurzeln 19
Xiphophorus maculatus 82
Xiphophorus variatus 82
Zahnkarpfen, Eierlegende 82
Zahnkarpfen, Lebendgebärende 80 f.
Zebra-Rennschnecke 61
Zebra-Zwergharnischwels 75
Zeitschaltuhr 14, 40
Zierschnecken 60
Zubehör 11 ff.
Zuschnitt des Aquariums 12
Zwergbarbe 69, 83
Zwergbärbling 39, 68
Zwergblaubarsch 79
Zwergbuntbarsch 29, 77
Zwergbuschfisch 74
Zwergfadenfisch 71
Zwerggarnele 66
Zwerggurami 73
Zwergkärpfling 81
Zwergkrebs 66
Zwergkugelfisch 85
Zwergpanzerwels 73
Zwerg-Pfeilkraut 55
Zwergschwarzbarsch 80
Zwergschwertpflanze 57
Zwergspeerblatt 56
Zwergwasserkelch 56
Zwergziersalmler 27, 69, 73

Bildnachweis

Farbfotos von Burkard Kahl (79 Fotos), Jessica Lindner (10 Fotos: Seite 4 links, 5 links, 6, 8, 13 rechts, 14, 34, 48, 58, 61 rechts), Dr. Jörg Vierke (43 Fotos: Seite 11 unten, 12 beide, 13 links, 16, 19 beide, 20, 21, 24, 26, 29, 30, 31, 32 beide, 33, 41 beide, 42, 44, 57 unten links, 60 unten links und rechts, 63 beide, 64 beide, 66, 67, 68, 73 links beide und oben rechts, 74 oben links, 75 unten links, 77 beide, 78, 80 beide, 84 links, 85 rechts), Klaus Wilkerling (1 Foto: Seite 81 rechts).

Impressum

Umschlaggestaltung von eStudio Calamar unter Verwendung von 7 Farbfotos von Burkard Kahl (6 Aufnahmen) und Jörg Vierke (linkes kleines Bild auf der Vorderseite).

Mit 133 Farbfotos.

Alle Angaben in diesem Buch erfolgen nach bestem Wissen und Gewissen. Sorgfalt bei der Umsetzung ist indes dennoch geboten. Autor und Verlag übernehmen keinerlei Haftung für Personen-, Sach- oder Vermögensschäden, die aus der Anwendung der vorgestellten Materialien und Methoden entstehen könnten.

Unser gesamtes lieferbares Programm und viele
weitere Informationen zu unseren Büchern,
Spielen, Experimentierkästen, DVDs, Autoren und
Aktivitäten finden Sie unter www.kosmos.de

Gedruckt auf chlorfrei gebleichtem Papier

© 2010 Franckh-Kosmos Verlags-GmbH & Co. KG, Stuttgart
Alle Rechte vorbehalten
ISBN 978-3-440-12126-9
Redaktion: Angela Beck
Gestaltung und Satz: Populärgrafik, Stuttgart
Produktion: Eva Schmidt
Printed in The Czech Republic / Imprimé en République Tchèque